高等职业教育电子信息类专业系列教材

无线电技术与应用

李雄杰　编著

机 械 工 业 出 版 社

本书依据高职高专电类专业人才培养目标，结合国家职业资格标准编写，主要内容包括无线电技术基础，调幅、调频、变频技术及应用，电视广播与接收技术，无线电遥控与射频识别技术，移动通信与卫星通信，无线电调试工职业资格证书考核等内容。全书取材新颖，结构严谨，叙述深入浅出，以物理概念为主，辅以必要的数学推导，兼顾实用性和先进性，务求使读者在较短时间内能较全面地掌握无线电技术及应用。

本书可用于高职高专电类专业无线电技术课程，也可作为应用型本科院校、成人教育、中职学校的相关教材，以及作为无线电爱好者的参考书。

为方便教学，本书有电子课件、习题答案等，凡选用本书作为授课教材的老师，均可通过电话（010-88379564）或 QQ（3045474130）索取，有任何技术问题也可通过以上方式联系。

图书在版编目（CIP）数据

无线电技术与应用/李雄杰编著. —北京：机械工业出版社，2012.12（2024.8 重印）

高等职业教育电子信息类专业系列教材

ISBN 978-7-111-40772-0

Ⅰ.①无…　Ⅱ.①李…　Ⅲ.①无线电技术—高等职业教育—教材　Ⅳ.①TN014

中国版本图书馆 CIP 数据核字（2012）第 301109 号

机械工业出版社（北京市百万庄大街 22 号　邮政编码 100037）

策划编辑：曲世海　责任编辑：曲世海　韩　静

版式设计：霍永明　责任校对：肖　琳

封面设计：赵颖喆　责任印制：常天培

固安县铭成印刷有限公司印刷

2024 年 8 月第 1 版第 11 次印刷

184mm×260mm・12.5 印张・303 千字

标准书号：ISBN 978-7-111-40772-0

定价：39.80 元

电话服务　　　　　　　　网络服务

客服电话：010-88361066　机 工 官 网：www.cmpbook.com

　　　　　010-88379833　机 工 官 博：weibo.com/cmp1952

　　　　　010-68326294　金 书 网：www.golden-book.com

封底无防伪标均为盗版　机工教育服务网：www.cmpedu.com

前　言

无线电技术应用十分广泛，如无线电报、调幅广播、调频广播、电视广播、移动电话、卫星通信、无线电遥控、射频识别、无线电紧急定位、数字微波传输、蓝牙短距离无线通信、业余无线电、无线电导航、雷达、微波加热、射电天文学等。因此，电类专业开设"无线电技术与应用"课程很有必要。

"无线电技术与应用"课程与"高频电子技术"课程的共同之处是，都是以理论性很强的调制、解调及变频作为课程的核心内容。两者的不同之处是，"高频电子技术"属于专业基础课程，通常以抽象的理论学习为主，数学推导多，实践性不够，这不适于高职学生学习；"无线电技术与应用"属于专业课程，可以选择若干个典型的无线电产品装配与调试作为课程的载体，从而采用"做中学"的教学方法，突出课程的实践性，化抽象为形象，易于学生学习。

目前，所有高职院校均实行学历文凭和职业资格证书制度，电类学生通常参加无线电调试工职业资格证书考核。因此，开设"无线电技术与应用"课程，可方便高职学生顺利地参加无线电调试工职业资格证书的考核。

本书内容新颖，第1章是必讲内容；第2章可有选择地讲解，或需要时再讲解，各校在教学中可增加一些配套实验，如谐振回路测试、扫频仪使用等；第3~6章是核心内容，建议以"无线电产品的装配与调试"为重点内容，以"做中学"方式组织教学，则效果更好一些；第7章可让学生自学。若学生要参加无线电调试工高级工职业技能考核，则64课时的教学内容安排见下表：

章　号	章名	重点教学内容	参考课时
第1章	无线电技术概述	无线电信号调制、传输与接收	4
第2章	无线电技术基础	信号频谱、谐振回路等	8
第3章	调幅、变频技术及应用	调幅波信号分析、调幅收音机装配与调试	12
第4章	调频技术及应用	调频波信号分析，调频收音、对讲机装配与调试	12
第5章	电视广播与接收技术	无线电调试工职业技能考核有大量电视广播技术内容，需要讲解	12
第6章	无线电遥控与射频识别技术	无线编码遥控门铃制作与调试	12
第7章	移动通信与卫星通信	均为选讲内容	—
第8章	无线电调试工职业资格证书考核	理论考核辅导	4

本书在编写过程中，非常注重内容的正确性、实用性、先进性、学习的灵活性、结构的合理性及文字的可读性。本书是本人30年来在无线电技术教学领域耕耘的结晶，编写中也参考了大量的相关资料和文献，在此表示衷心的感谢。

由于编者水平有限，时间仓促，书中错误和缺点难免，敬请广大读者批评指正。

编　者

目　　录

第1章 无线电技术概述

1.1 无线电技术发展简史

1. 电生磁、磁生电(1820~1855年)

1820年，丹麦的奥斯特以《论磁针的电流撞击实验》这篇简短的论文正式向学术界宣告了电流磁效应的存在。至此，电与磁的秘密关系通过实验的方法被揭示出来，使欧洲物理学界产生了极大的震动，导致了大批实验成果的出现，由此开辟了物理学的新领域——电磁学。

1831年，法拉第完成了"磁电感应"实验，实现了"磁生电"的夙愿，宣告了电气时代的到来。法拉第是电磁场学说的创始人。

2. 电磁波来了(1855~1888年)

1855~1864年，英国的麦克斯韦发表了电磁场理论的三篇论文，从而将电磁场理论用简洁、对称、完美的数学形式表示出来，经后人整理和改写，成为经典电动力学主要基础——麦克斯韦方程组。据此，1865年他预言了电磁波的存在，并计算出了电磁波的传播速度等于光速。

1888年，德国的赫兹用实验验证了电磁波的存在，从而全面验证了麦克斯韦的电磁理论的正确性，轰动了全世界的科学界。由法拉第开创、麦克斯韦总结的电磁理论，至此才取得决定性的胜利。

3. 无线电的启航(1889~1910年)

1896年，俄国科学家波波夫在彼得堡大学两幢相距250m的大楼之间表演了传递莫尔斯电码的无线电通信。此后，波波夫将无线电投入到了军事应用中。

1896年，意大利的马可尼在英国伦敦用电磁波进行了约14.4km距离的无线电通信实验。一年后，以其姓名命名的"马可尼无线电电报与信号有限公司"成立。

1900年，马可尼正式取得由线圈和可变电容组成的调谐回路专利权。1901年，马可尼完成了横跨大西洋3600km的无线电远距离通信。1909年，马可尼获得诺贝尔物理学奖。

4. 无线电大发展(1910~1950年)

1906年，美国的德福雷斯特发明了真空晶体管。晶体管是无线电通信器材的"心脏"，能放大微弱的无线电信号。

1912年，美国的阿姆斯特朗发明了超外差接收方式，它能使因无线电信号直接接收和放大而引起的一系列困难得到解决。从此以后，无线电广播事业出现一片兴旺的景象。

1914年，第一次世界大战爆发，无线电使得战地部队间能够快速地通信，从而加快战事移动速度，掌握主动权。

1920年8月，美国底特律建立一家试验性电台，播送州长竞选新闻，被称为首次广播新闻。

1920 年 11 月，美国的康拉德建造了世界上第一座广播电台。此后，法国、英国、德国、意大利和日本相继在 1921～1925 年间成立了自己的广播电台。

1925 年，英国的贝尔德展示了一种非常实用的电视装置，成为现代电视机的雏形。1939 年美国诞生了第一台黑白电视机。

1935 年，英国的瓦特发明了世界上第一部雷达。在第二次世界大战中，防空雷达起到了重要的作用。

1947 年，美国的巴丁、肖克莱和拉克发明了半导体晶体管，这一成果立刻轰动了电子学界，巴丁等被称为电子技术革命的杰出代表。

5. 移动通信闪亮登场（1950～1980 年）

20 世纪 70 年代中期至 80 年代中期，是移动通信蓬勃发展时期。1978 年底，美国贝尔实验室研制成功先进移动电话系统，建成了蜂窝状移动通信网，其他工业化国家也相继开发出蜂窝式公用移动通信网，无线电移动通信系统真正地进入了个人领域，具有代表性的有美国的 AMPS 系统、英国的 TACS 系统、北欧的 NMT 系统、日本的 NAMTS 系统等。

移动通信大发展主要归功于三方面的技术进展：首先，微电子技术在这一时期得到长足发展，这使得通信设备的小型化、微型化有了可能性；其次，贝尔实验室提出了蜂窝网的概念，蜂窝网即所谓小区制，由于实现了频率再用，大大提高了系统容量；再次是大规模集成电路、微处理器技术、计算机技术的迅猛发展，从而为大型通信网的管理与控制提供了技术手段。

6. 无线电数字化革命（1980～2010 年）

以 AMPS 和 TACS 为代表的第一代蜂窝移动通信网是模拟系统。模拟式蜂窝电话迅速发展，同时也开始显现出它的缺点，特别是在人口密集的大城市，由于模拟式蜂窝电话采用的频分多址技术造成频率资源严重不足，同时，模拟式蜂窝电话易被窃听，造成对用户利益的危害。解决上述问题的方法是开发新一代数字蜂窝移动通信系统。

1982 年，欧洲成立了移动通信特别组（GSM），之后制定出数字蜂窝移动通信系统，并用该研究小组名字的缩写"GSM"命名。GSM 移动电话系统频谱利用率高、容量大，同时可以自动漫游和自动切换，具有通信质量好、业务种类多、易于加密、抗干扰能力强、用户设备小、成本低等优点，使移动通信进入了一个新的里程。当 GSM 技术推出不久，摩托罗拉公司也开发出一种更先进的 CDMA 数字蜂窝移动通信技术。

数字化无线电通信在其他领域也施展着自己的才华，如广播、交通及文化领域，无不因为数字革命带来的新空气而以前所未有的速度向前跨越。

7. 无线电技术在中国的应用

近年来，随着我国社会经济的持续增长，我国无线电事业得到了快速发展，无线电技术业务已经渗透到通信、广播、定位、遥测、遥控等国民经济的多个领域。目前国际电信联盟《无线电规则》划分的 42 种无线电业务在我国已得到了全面应用。

在公众通信领域，我国移动电话网络规模和用户规模均位居世界第一。移动通信发展对提升社会信息化水平、拉动国民经济发展发挥了重要作用。在广播领域，我国拥有先进的无线电声音广播和卫星电视播送网络。到目前为止，声音广播的国内覆盖率已占总人口的94%，电视广播的国内覆盖率已占总人口的 95%。在空间通信和航天领域，我国是世界上少数拥有独立制造通信卫星、广播卫星、气象卫星、地球资源勘察卫星等不同应用系列航天器能力的国家。除在地球范围通信外，我国的无线电技术能力还能够满足我国外空间高科技活动的需要，是我国航天技术的重要组成部分。此外，无线电技术在国防军事、渔业生产、水上交通、铁道运输、航空导航、气象预报、地震预报以及探测外空间天体的射电天文等专业部门都得到了普遍的应用，是我国国防建设的重要保障手段，为我国社会经济的持续发展提供了有效支撑。

复习思考题

1.1.1 请通过网络查询，谈谈我国无线电技术发展概况。

1.1.2 请举例说明无线电技术在工作及日常生活中的具体应用。

1.2 无线电信号的调制

1. 为什么要调制

变化的电场周围会产生变化的磁场，变化的磁场周围又产生变化的电场，如此循环往复，便使交变的电磁场由近及远地辐射传播出去，就像水池中的水波纹一样表现出波的特性，这就是电磁波。波峰之间的距离称为波长，单位时间内通过某一点的波峰数就称为频率。电磁波的传播速度为光速，频率在 3000GHz 以下的电磁波称为无线电波。

根据电磁波知识，信号波长 λ 与频率 f 的关系为

$$\lambda = \frac{c}{f} \tag{1-1}$$

式中，c 为光速(3×10^8 m/s)。此式表明，波长与频率成反比。

由声音、文字及图像等转换成的电信号均属于低频信号，这些信号若要借助于天线以无线电波的形式来传输，则会由于信号的波长太长而难以实现。这是因为不管是信号的发射还是接收，只有当天线尺寸与信号波长相接近时，效果才好。所以，声音、文字及图像等转换成的电信号的无线传输，必须经过调制处理。调制可提高频率、缩短波长、便于发射；其次是用不同的载波频率将各路信号的频谱分开，以避免各路信号之间在同一信道传输中产生相互干扰。

2. 调幅、调频与调相

调制就是一个信号(如光、高频电磁波等)的某些参数(如振幅、频率、相位等)按照另一个欲传输的信号(如声音、图像等转换成的电信号)的特点变化的过程，即把要传送的信号"载"到高频振荡信号上去。

高频振荡信号就是携带信息的"运载"工具，所以称之为载波；而所要传送的信号就称为调制信号。按照被调制的高频振荡信号的参数不同，调制的方式也不同。设高频载波信号表示为 $u_c(t) = U_{cm}\cos(\omega_c t + \varphi)$，若用待传输的低频信号去控制高频载波的振幅 U_{cm}，使其振幅随着低频信号的变化而变化，则称其为振幅调制(Amplitude Modulation)，简称调幅，用 AM 表示，如图 1-1 所示；若用低频信号去改变高频信号的频率 ω_c，使其频率随着低频信号的变化而变化，则称其为频率调制(Frequency Modulation)，简称调频，用 FM 表示，如图 1-2所示；若用低频信号去改变高频信号的相位 φ，使其相位随着低频信号的变化而变化，则称其为相位调制(Phase Modulation)，简称调相，用 PM 表示。

调制方式的选择是根据传输要求和各种调制的特点全面综合考虑的。例如：调幅制由于

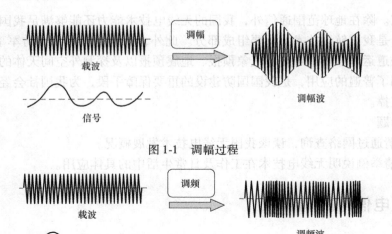

图 1-1　调幅过程

图 1-2　调频过程

其所需接收设备简单，因而适用于各种中、短波及超短波段的无线电广播，但其抗干扰能力差；调频制抗干扰能力强，但由于占用频带宽，因而适用于超短波波段，如电视伴音、移动通信等；调相则主要应用于数字通信或间接调频系统中。

解调是调制的逆过程，亦即把低频调制信号从高频已调制信号中还原出来的过程。调幅波的解调过程称为检波，调频波的解调过程称为鉴频，调相波的解调过程称为鉴相。

复习思考题

1.2.1　信号传输之前，为什么要经过调制处理？

1.2.2　何谓调幅、调频、调相、检波、鉴频和鉴相？

1.3　无线电信号的传输

1.3.1　信号传输系统

大多数信号传输系统框图如图 1-3 所示，它包括信号源、发送设备、传输信道、接收设备和终端设备。

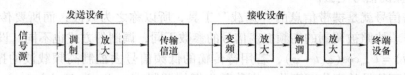

图 1-3　信号传输系统框图

信息可以是声音、文字及图像等。在传输之前，先要将声音、文字及图像等信息转换成电信号，这个电信号就是信号源。

发送设备主要有两大任务：一是将信号调制在高频载波上，以便通过天线或馈线高效率地、远距离地在传输信道中传送；二是对调制后的信号进行放大，以便输出功率足够的高频调制信号。

传输信道是连接发送和接收两端的信号通道，又称传输媒介。传输信道可分为两大类：一类是有线信道，即利用馈线来传输电信号；另一类是无线信道，即以无线电波（或光波）的形式来传输信号。

接收设备的任务是对信道传送过来的高频调制信号进行变频、放大和解调处理，以恢复成与发送端相一致的原始电信号。由于信道中存在着许多干扰信号，因而接收设备还必须具有从众多信号中选择有用信号、滤除干扰信号的能力。

终端设备将电信号变换成原来的信息，如声音、文字及图像等，供用户使用。常见终端设备有扬声器和显示屏等。

1.3.2 无线电波的波段划分

无线电波的波段划分见表 1-1。根据需要，可以选择合适的波段进行通信、广播、电视、导航和探测等，但不同波段电波的传播特性有很大差别。

表 1-1 无线电波的波段划分

波 段 名 称		波长范围/m	频 段 名 称	频 率 范 围
超长波		100000～10000	甚低频（VLF）	3～30kHz
长波		10000～1000	低频（LF）	30～300kHz
中波		1000～100	中频（MF）	300～3000kHz
短波		100～10	高频（HF）	3～30MHz
超短波（米波）		10～1	甚高频（VHF）	30～300MHz
微波	分米波	1～0.1	特高频（UHF）	300～3000MHz
	厘米波	0.1～0.01	超高频（SHF）	3～30GHz
	毫米波	0.01～0.001	极高频（EHF）	30～300GHz

1.3.3 电波的主要传播方式

电波传播不依靠电线传播，也不像声波那样，必须依靠空气媒介传播，有些电波能够在地球表面传播，有些电波能够在空间直线传播，也能够从大气层上空反射传播，有些电波甚至能穿透大气层，飞向遥远的宇宙空间。

任何一种无线电信号传播系统均由发射部分、接收部分和传输媒质三部分组成。传播无线电信号的媒质主要有地表和电离层等，这些媒质的电特性对不同波段的无线电波的传播有着不同的影响。根据媒质及不同媒质分界面对电波传播产生的影响不同，可将电波传播方式分成下列几种：

1. 地波传播

沿地球表面空间传播的无线电波叫做地波，如图 1-4 所示。由于地面上有高低不平的山坡和房屋等障碍物，只有能绕过这些障碍物的无线电波，才能被各处的接收机收到。当波长大于或相当于障碍物的尺寸时，就可以绕过障碍物到达它们的后面。地面上的障碍物尺寸一般不大，长波可以相当容易地绕过它们，中波和中短波也能较好地绕过去，短波和微波由于波长较短，很难绕过它们。由于地球是一个大导体，地球表面会因地波的传播引起感应电流，因此地波在传播过程中要损失能量，频率越高损失的能量也越多。地波传播特点是信号比较稳定，主要适用于长波、中波波段。

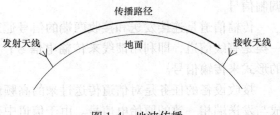

图 1-4　地波传播

2. 天波传播

声音碰到墙壁或高山就会反射回来形成回声，光线射到镜面上也会反射。无线电波也能够反射。在大气层中，从几十千米至几百千米的高空有几层"电离层"，形成了一种天然的反射体，就像一只悬空的金属盖，电波射到"电离层"就会被反射回来，走这一途径的电波就称为天波或反射波，如图 1-5 所示。在电波中，主要是短波具有这种特性。

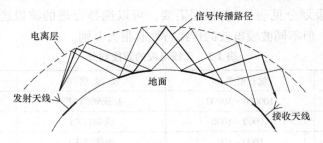

图 1-5　天波传播

大气层受到阳光照射，就会产生电离。电离层一方面反射电波，另一方面也要吸收电波。电离层对电波的反射和吸收与频率（波长）有关。频率越低，吸收越多，频率越高，吸收越少，但频率太高，就不能反射了，电波将穿越电离层。所以，短波的天波可以用作远距离通信。此外，反射和吸收与白天还是黑夜也有关。白天，电离层可把中波几乎全部吸收掉，收音机只能收听当地的电台，而夜里却能收到远距离的中波电台。对于短波，电离层吸收得较少，所以短波收音机不论白天黑夜都能收到远距离的电台。不过，电离层是变动的，反射的天波时强时弱，所以，从收音机听到的声音忽大忽小，并不稳定。

3. 空间波传播

电波直接从发射天线传到接收天线，以直线传播的波就叫做空间波或直射波，这种传播方式仅限于视线距离以内。目前广泛使用的超短波（微波）通信和卫星通信的电波传播均属于这种传播方式。

超短波的传播特性比较特殊，它既不能绕射，也不能被电离层反射，而只能以直线传播，如图 1-6 所示。由于空间波不会拐弯，因此它的传播距离就受到限制。发射天线架得越高，空间波传得越远。所以电视发射天线和电视接收天线应尽量架得高一些。尽管如此，传播距离仍受到地球拱形表面的阻挡，实际只有 50km 左右。

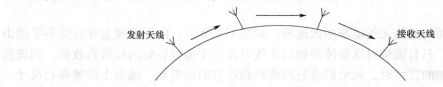

图 1-6　空间波传播

超短波(微波)不能被电离层反射,但它能穿透电离层,所以在地球的上空就无阻隔可言,这样,我们就可以利用空间波与遥远太空中的宇宙飞船、人造卫星等取得联系。此外,卫星中继通信、卫星电视转播等也主要是利用空间波作为传播途径。

复习思考题

1.3.1　短波广播信号为什么传输距离极远,但不稳定?

1.3.2　各城市中的电视台天线为什么架设得很高?

1.4　无线电信号的接收

1.4.1　直放接收方式

1. 最简单的接收方式

以调幅广播信号接收为例,最简单的调幅广播接收方式如图1-7所示,它主要由接收天线、输入电路、解调器及耳机组成。接收天线的作用是将无线电波转换成电信号;输入电路的作用是从众多广播电台信号中选择出一个需要收听的电台;解调器就是检波器,其作用是从调幅信号中解调出音频信号;耳机的作用是将音频信号转换成声波。

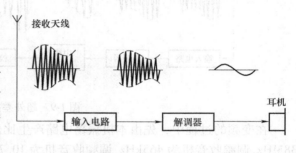

图1-7　最简单的调幅广播接收方式

由于信号没有经过放大,所以只能采用耳机收听。

2. 直放接收方式

"直放"就是直接对所接收到的无线电高频信号进行放大。以调幅广播信号接收为例,直放式调幅广播接收如图1-8所示,它与图1-7的区别是增加了放大环节,包括高频放大与低频(音频)放大。高频信号在检波之前被直接放大,可提高检波效率;对检波后的音频信号再进行放大,可使信号幅度达到所需要收听的幅度。

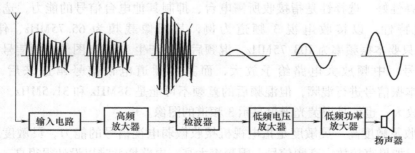

图1-8　直放式调幅广播接收

直放式接收机虽然电路简单,但对不同载波频率的广播电台信号接收不均匀、灵敏度低、选择性差,已经被超外差接收方式所取代。

1. 4. 2　超外差接收方式

1912 年，美国的阿姆斯特朗发明了超外差接收方式，它能使因无线电信号直接接收和放大而引起的一系列困难得到解决。利用超外差接收方法，能使接收机电路大大简化，接收机的性能与灵敏度也得到提高。从此以后，无线电广播事业出现一片兴旺的景象。

1. 超外差接收框图

无线电信号的接收通常采用超外差接收方式，超外差接收框图如图 1-9 所示。所谓超外差接收，就是将天线接收到的高频信号变换成中频信号，然后再放大到检波所需要的幅度，最后通过检波以获得低频信号。

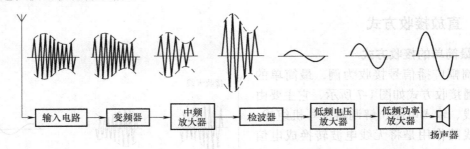

图 1-9　超外差接收框图

在变频的过程中，先由本机振荡电路产生比外来高频信号超出一个中频频率（电视机为 38MHz，调幅收音机为 465kHz，调频收音机为 10.7MHz）的正弦波本振信号，然后将所接收的外来高频信号与本振信号送入混频器进行混频，混频后有差频（中频 38MHz、465kHz、10.7MHz）、和频及其他频率成分产生，再利用中频放大电路选出所需要的中频信号进行放大。

2. 超外差接收的优点

（1）接收均匀　我们知道，因为广播电台不同，载波频率也不同，则放大电路的增益也会有所不同。现在不管接收到什么广播电台信号，一律先变换成中频信号后再放大，显然各广播电台信号的增益几乎一致了。

（2）选择性好　选择性是指接收所需电台、抑制其他电台信号的能力，选择性取决于电路的选频特性。以接收电视 3 频道为例，其图像载频为 65.75MHz、伴音载频为 72.25MHz，只要本振频率为 103.75MHz，混频后便能产生 38MHz 图像中频信号及 31.5MHz 伴音中频信号，中频放大电路给予放大，而其他频道电视信号窜进来后，它也会与 103.75MHz 本振信号进行混频，但混频后的差频不可能是 38MHz 和 31.5MHz，中频放大电路将不给予放大，也就是说荧光屏仅显示 3 频道的图像。

（3）接收灵敏度高　灵敏度是指电视机接收微弱电视信号的能力，灵敏度取决于信号通道的增益。如果直接放大高频信号，因频率太高，电路增益难以设计得很高。变换成中频后，频率降低，容易将中频放大电路的增益设计得高一些，于是使接收灵敏度提高。

超外差接收原理不仅适用于收音机、电视机的无线电信号接收，也适用于微波通信、雷达等无线电技术的各个领域。超外差原理已成为现代无线电接收理论的基础，凡是涉及无线电信号接收的电子设备，都离不开超外差接收电路。阿姆斯特朗的这项重要发明，不仅推动了无线电技术早期发展的进程，而且在无线电事业的征途上至今还闪现着它的技术光芒。

复习思考题

1.4.1 什么是超外差接收方式？

1.4.2 超外差接收方式有何优点？为什么？

习　　题

1. 一个同学发出声音的频率约为 1.0kHz，这样的声音通过中央人民广播电台第二套节目 720kHz 向外广播时，发出的无线电波的波长是多少？

2. 要有效地发送低频电信号，必须把低频电信号附加在高频载波上，这个过程在电磁波的发射过程中叫做（　　）。
A. 调谐　　　　B. 解调　　　　C. 调制　　　　D. 检波

3. 高频振荡信号就是携带信息的"运载"工具，所以称之为_____，而所要传送的信号就称为调制信号。若用待传输的低频信号去控制高频载波的振幅，则称其为_____，英文表示为_____；若用低频信号去改变高频信号的频率，则称其为_____，英文表示为_____；若用低频信号去改变高频信号的相位，则称其为_____，英文表示为_____。

4. 中波广播的载波频率范围是 535 ~ 1605kHz，它主要依靠_____波传播；短波广播的载波频率范围为 6 ~ 12MHz，它主要依靠_____波传播；调频广播的载波频率范围是 87 ~ 108MHz，它主要依靠_____波传播；电视广播的频率范围是 48.5 ~ 958MHz，它主要依靠_____波传播。

5. 若中波收音机要接收 810kHz 的广播电台信号，则收音机中的本机振荡频率应为_____ kHz；若调频收音机要接收 92.0MHz 的广播信号，则收音机中的本机振荡频率应为_____ MHz；若电视机要接收图像载频为 200.25MHz 的电视信号，则电视机中的本机振荡频率应为_____ MHz。

6. 关于电磁波在真空中的传播，下列说法中正确的是（　　）。
A. 频率越高，传播速度越快
B. 波长越长，传播速度越快
C. 电磁波的能量越大，传播的速度越快
D. 频率、波长、能量都不影响电磁波的传播速度

[上述电压不同发射机的频率，加上主振无源电器就可以上，5个小时发着的没有天线]

复习思考题

1.1 什么是无线电波？

1.2 举例说明电波的传播有哪些方式？

第 2 章   无线电技术基础

2.1   信号的频谱

2.1.1   时域分析与频域分析

无线电通信所传输的信号通常是语音、图像、视频或数字信号，这些信号均为复杂的非正弦波信号，它很难用波形表示，此时我们需要知道它由哪些频率成分组成？即这些信号的频谱如何？这是很重要的。

1. 时域分析

分析信号的不同角度称为"域"。分析信号强度随时间的变化规律称为"时域分析"，时域分析是以时间轴为坐标表示动态信号的关系。

一般来说，时域的表示较为形象与直观。例如，用示波器观察电信号的幅度随时间变化的情况，我们可能想知道信号在哪个时刻达到最大值或最小值？它的幅度是多大？它从最小值到最大值的变化过程是不是很快？占用多少时间？这些都属于时域分析的问题。

时域分析通常用于分析简单的周期性信号（能用示波器观察）。

2. 频域分析

分析信号是由哪些频率的正弦波合成称为"频域分析"，频域分析是把信号变为以频率轴为坐标的形式表示出来。

频域分析通常用于分析复杂的非正弦波信号，数学工具是傅里叶级数，分析仪器是频谱分析仪。例如，用频谱分析仪观察一个音乐信号，看看它到底是由什么频率成分组成的。傅里叶理论告诉我们：任何一个时域信号都是由 n 个具有一定频率、幅度和相位的正弦信号叠加而成的。我们可以按照一定的比例，用 n 个正弦信号合成出一个复杂的信号。也可以利用滤波技术，将某些频率成分剔除掉，达到信号处理的目的。

时域分析与频域分析的区别如图 2-1 所示。

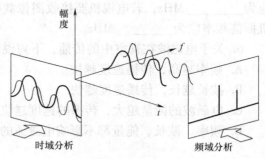

图 2-1   时域分析与频域分析的区别

总之，时域和频域是两个不同的领域，两者互相联系，缺一不可，相辅相成。我们可以恰当地选择在哪个领域进行信号分析，有时在时域很难分析求解的问题，变换到频域就十分简单了。

2.1.2   音视频信号的频谱

1. 什么是信号的频谱

设有周期性信号 $f(t)$，周期为 T，角频率为 $\Omega = 2\pi / T$，当其满足狄里赫利条件时，$f(t)$

分解成傅里叶级数为

$$f(t) = a_0/2 + a_1\cos\Omega t + a_2\cos 2\Omega t + \cdots + b_1\sin\Omega t + b_2\sin 2\Omega t + \cdots$$

$$= a_0/2 + \sum_{n=1}^{\infty} a_n\cos n\Omega t + \sum_{n=1}^{\infty} b_n\sin n\Omega t \tag{2-1}$$

$$= a_0/2 + \sum_{n=1}^{\infty} A_n\cos(n\Omega t + \phi_n)$$

式中，a_n、b_n 是傅里叶系数（计算可参阅数学书籍）；$A_n = \sqrt{a_n^2 + b_n^2}$；$\phi_n = -\arctan(b_n/a_n)$。由式（2-1）可以看出，任何一个时域信号都是由 n 个具有一定频率、幅度和相位的正弦波信号叠加而成。

若以频率为横坐标，以各频率的正弦波的振幅为纵坐标，则可以画出振幅频谱图，简称频谱图。它可以直观地表示出信号由哪些频率分量组成，以及各频率分量的振幅大小。

例如：周期为 $T = 2\pi$ 的方波波形如图 2-2a 所示，其傅里叶级数可表示为

$$u = \frac{4}{\pi}\left(\sin t + \frac{1}{3}\sin 3t + \frac{1}{5}\sin 5t + \frac{1}{7}\sin 7t + \frac{1}{9}\sin 9t + \cdots\right)$$

此方波所对应的频谱是离散型的，如图 2-2b 所示。通常称 $\omega = 1$ 的正弦波为基波，$\omega = 3$ 的正弦波为 3 次谐波，$\omega = 5$ 的正弦波为 5 次谐波，……。谐波次数越高，幅度越小。

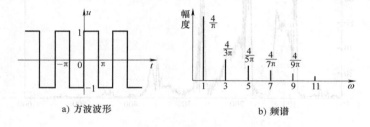

a) 方波波形　　　　　　　b) 频谱

图 2-2　方波波形与频谱

2. 音频信号的频谱

人耳可以听到的声波频率范围是 20Hz ~ 20kHz，这一频率范围又称为音频（AUDIO）频率（频谱）范围。20Hz 以下的声波称为次声波，20kHz 以上的声波称为超声波，对于次声波和超声波，人耳都听不见。声音可以是单频率的纯音，但绝大多数声音都是由多个频率成分组成的复音，如语言、音乐都是复音。

通常又将 20Hz ~ 20kHz 范围的音频信号划分为高音频段（6 ~ 20kHz）、中高音频段（600Hz ~ 6kHz）、中低音频段（200 ~ 600Hz）及低音频段（20 ~ 200Hz）。

以图 2-3 所示的女声英文 a 的时域波形为例，其对应的频谱如图 2-4 所示。

3. 视频信号的频谱

视频信号（VIDEO）又称图像信号，视频信号的频率（频谱）范围与人眼对图像细节的分辨率有关，频率范围通常为 0 ~ 6MHz。视频信号的高频成分代表图像的轮廓与细节，视频信号的低频成分代表图像的大面积部分。

复习思考题

2.1.1　什么是信号的时域分析法？什么是信号的频域分析法？

2.1.2　什么是信号的频谱？音视频信号的频谱如何？

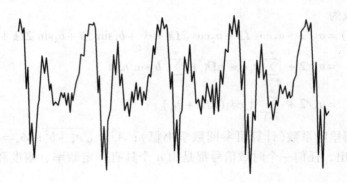

图 2-3　女声英文 a 的时域波形

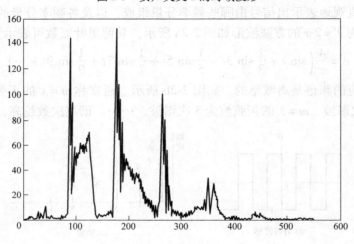

图 2-4　女声英文 a 的频谱

2.2　谐振回路

　　LC 谐振回路是无线电电路中最常用的无源网络。利用 *LC* 谐振回路的幅频特性和相频特性，不仅可以从输入信号中选择出有用频率分量而抑制掉无用频率分量或噪声，而且还可以进行信号的频幅转换和频相转换（例如，在斜率鉴频和相位鉴频电路中）。*LC* 谐振回路是无线电电路中不可缺少的重要组成部分。

2.2.1　*LC* 元件的伏安特性

1. 电感线圈的伏安特性

　　对于图 2-5 中所示的电流 i_L 参考方向与电压 u_L 参考极性，电流 i_L 与电压 u_L 的关系是

$$u_L = L \frac{\mathrm{d}i_L}{\mathrm{d}t} \tag{2-2}$$

　　式（2-2）表明，电感线圈两端电压 u_L 与流过电感线圈中的电流 i_L 的变化率正比，与电感量 L 也成正比。

　　如果电流是正弦波电流，则根据式（2-2），电压与电流在相位上

图 2-5　电感线圈中的
电流与电压

不同相，电压 u_L 超前于电流 i_L 90°。电感线圈 L 对交流电流的阻抗作用，通常称为"感抗"，简写为 $X_L = 2\pi f L$，若 f 的单位为 Hz，L 的单位为 H，则 X_L 的单位是 Ω。交流电流的频率越高，电感量越大，线圈的感抗也越大。

2. 电容的伏安特性

对于图 2-6 中所示的电流 i_C 参考方向与电压 u_C 参考极性，电流 i_C 与电压 u_C 的关系是

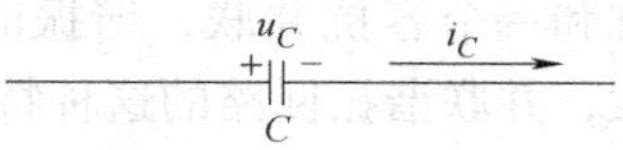

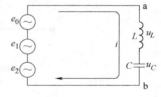

$$i_C = C\frac{\mathrm{d}u_C}{\mathrm{d}t} \qquad (2\text{-}3)$$

图 2-6　电容中的电流与电压

式(2-3)表明，电容中的电流 i_C 与电容两端电压 u_C 的变化率成比，与电容量 C 也成正比。

如果电压是正弦波电压，则根据式(2-3)，电压与电流在相位上不同相，电流 i_C 超前于电压 u_C 90°。电容 C 对交流电流的阻抗作用，通常称为"容抗"，简写为 $X_C = \dfrac{1}{2\pi f C}$，若 f 的单位为 Hz，C 的单位为 F，则 X_C 的单位是 Ω。交流电流的频率越高，电容量越大，电容的容抗就越小。

2.2.2　谐振回路及选频原理

1. 串联谐振及选频原理

图 2-7 可以说明串联谐振及选频原理。对同一个交流电流 i 来说，u_L 和 u_C 的极性永远是正负相反的。所以 L 对 i 的阻抗作用和 C 对 i 的阻抗作用是互相抵消的。

我们知道，当有电流 i 通过电阻 R 时，电阻两端的电压 $u_R = iR$。同样，当有电流 i 通过 L 和 C 时，L 两端的电压 $u_L = iX_L$，C 两端的电压 $u_C = iX_C$。当频率为 $f_0 = 1/(2\pi\sqrt{LC})$ 时，则有 $X_L = X_C$，即 $u_L = u_C$。所以对频率为 f_0 的电流 i_0 来说，u_L 和 u_C 相位相

图 2-7　LC 串联谐振回路

反、大小相等，完全抵消。这时由 a 到 b 的阻抗为零，所以 i_0 达到极大值，这种现象称为串联谐振。其他频率的交流电流受到相当大的阻抗(因 u_L 和 u_C 不完全相消)，所以电流并不太大。

我们可以设想，若同时有很多不同频率的信号电压 e_0、e_1、…加到 LC 串联回路上，分别产生不同频率的电流 i_0、i_1、…，那么 LC 串联回路将对频率为 f_0 的信号电压 e_0 最灵敏，对 e_1、e_2、…不起任何作用，这就是串联回路的选频原理。因谐振时 i_0 很大，所以 $u_L(i_0X_L)$ 和 $u_C(i_0X_C)$ 也很大，比 e_0 可能大数十至百余倍，显然信号源电压是被谐振回路升高了，这就是串联谐振回路的放大特性。

2. 并联谐振及选频原理

图 2-8 可以说明并联谐振及选频原理。由于 u_L 和 u_C 相同，我们都用 u 代表。由上面的分析可知，i_L 滞后于 u 90°，而 u 又滞后于 i_C 90°，所以 i_L 和 i_C 相差 180°，在任何时间，i_L 和 i_C 都是方向相反的，如 i_L 由 a 流到 b，i_C 同时一定是由 b 流到 a。

我们知道，图 2-8 中的总电流 i 为 i_L 和 i_C 之和。i_L 和 i_C 正负相反，相加起来就有相互抵消的趋势，使 i 变小。

当信号频率为 $f_0 = 1/(2\pi\sqrt{LC})$ 时，$i_L(u/X_L)$ 和 $i_C(u/X_C)$ 数值相等，方向相反，总电流

i_0 变得很小，而其他频率的总电流 i_1、i_2…等，并不会变得特别小，这就是并联谐振回路的选择性。

i_0 变得很小也表示在并联回路两端谐振时阻抗最大。通常两个电阻并联，总阻值比任何一个电阻都小；现在一个感抗和一个容抗并联，谐振时总阻抗反而比任何一个电抗都大，并联谐振回路的这种特性，可以用来产生放大作用。

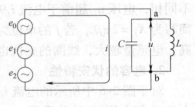

图 2-8　*LC* 并联谐振回路

串联谐振回路的阻抗小和并联谐振回路的阻抗大的特性，是基本的特性。利用这种特性，我们可以把串、并联谐振回路用到无线电回路的许多方面。

2.2.3　谐振回路的阻抗特性

1. 串联谐振回路的阻抗特性

图 2-9a 是 *LC* 串联谐振回路的基本形式，其中 r 是电感 L 的损耗电阻。

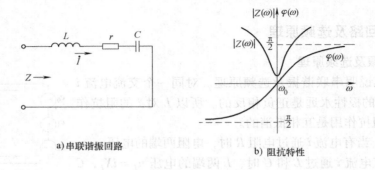

a) 串联谐振回路　　　　　　b) 阻抗特性

图 2-9　串联谐振回路及阻抗特性

由图 2-9a 可知，串联谐振回路的等效阻抗为

$$Z(\omega) = r + j\omega L - j\frac{1}{\omega C} \tag{2-4}$$

回路阻抗的幅频特性 $|Z(\omega)|$ 和相频特性 $\varphi(\omega)$ 如下：

$$|Z(\omega)| = \sqrt{r^2 + \left(\omega L - \frac{1}{\omega C}\right)^2} \tag{2-5}$$

$$\varphi(\omega) = \arctan\frac{\omega L - \dfrac{1}{\omega C}}{R} \tag{2-6}$$

根据式（2-4）和式（2-5）可作出串联谐振回路阻抗幅频特性和相频特性曲线，如图 2-9b 所示。当 $\omega = \omega_0$，即谐振时，回路阻抗 $|Z(\omega)|$ 为最小且为纯电阻 r，相移 $\varphi = 0$。当 $\omega \neq \omega_0$ 时，串联回路阻抗 $|Z(\omega)|$ 增大，相移值增大。当 $\omega > \omega_0$ 时，感抗 X_L 大于容抗 X_C，回路呈感性，相移 φ 为正值，最大值趋于 $\pi/2$；当 $\omega < \omega_0$ 时，容抗 X_C 大于感抗 X_L，回路呈容性，相移 φ 为负值，最大负值趋于 $-\pi/2$。

在 *LC* 谐振回路中，为了评价谐振回路损耗的大小，常引入品质因数 Q，它定义为回路谐振时的感抗（或容抗）与回路等效损耗电阻 r 之比，即

$$Q = \frac{\omega_0 L}{r} = \frac{1}{\omega_0 C} \times \frac{1}{r} \tag{2-7}$$

r 越小，Q 值越大，幅频特性曲线更尖锐，相移曲线在谐振频率附近变化更陡峭。

2. 并联谐振回路的阻抗特性

LC 并联谐振回路如图 2-10a 所示。图中 r 代表线圈 L 的等效损耗电阻，由于电容的损耗很小，图中略去其损耗电阻。

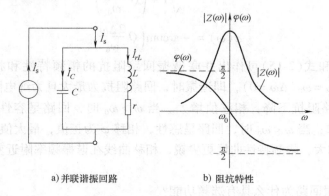

a) 并联谐振回路　　　　b) 阻抗特性

图 2-10　并联谐振回路及阻抗特性

由图 2-10a 可知并联谐振回路的等效阻抗为

$$Z = \frac{(r + j\omega L)\dfrac{1}{j\omega C}}{r + j\omega L + \dfrac{1}{j\omega C}} \tag{2-8}$$

在实际电路中，通常 r 很小，满足 $r \ll \omega L$，因此，式(2-8)可近似为

$$Z \approx \frac{L/C}{r + j\left(\omega L - \dfrac{1}{\omega C}\right)} \tag{2-9}$$

当 $\omega L = 1/\omega C$ 时，回路产生谐振，式(2-8)的虚部为零，谐振回路的等效阻抗为纯电阻且为最大，可用符号 R_P 表示，即

$$Z = R_P = \frac{L}{Cr} \tag{2-10}$$

定义品质因数 Q 为回路谐振时的感抗(或容抗)与回路等效损耗电阻 r 之比，即

$$Q = \frac{\omega_0 L}{r} = \frac{1}{\omega_0 C} \times \frac{1}{r} \tag{2-11}$$

将式(2-10)、式(2-11)代入式(2-9)，则得并联谐振回路阻抗频率特性为

$$Z = \frac{R_P}{1 + j\left[\left(\omega L - \dfrac{1}{\omega C}\right)/r\right]} = \frac{R_P}{1 + j\dfrac{\omega_0 L}{r}\left(\dfrac{\omega}{\omega_0} - \dfrac{\omega_0}{\omega}\right)} = \frac{R_P}{1 + jQ\left(\dfrac{\omega}{\omega_0} - \dfrac{\omega_0}{\omega}\right)} \tag{2-12}$$

通常，谐振回路主要研究谐振频率 ω_0 附近的频率特性。由于 ω 十分接近于 ω_0，故可近似认为 $\omega + \omega_0 \approx 2\omega_0$，$\omega\omega_0 \approx \omega_0^2$，并令 $\omega - \omega_0 = \Delta\omega$，则式(2-12)可写成

$$Z \approx \frac{R_P}{1 + jQ\dfrac{2\Delta\omega}{\omega_0}} \tag{2-13}$$

其幅频特性和相频特性分别为

$$|Z(\omega)| = \frac{R_P}{\sqrt{1 + \left(Q\dfrac{2\Delta\omega}{\omega_0}\right)^2}} \tag{2-14}$$

$$\varphi(\omega) = -\arctan\left(Q\dfrac{2\Delta\omega}{\omega_0}\right) \tag{2-15}$$

根据式（2-14）和式（2-15）可作出并联谐振回路阻抗的幅频特性和相频特性曲线，如图 2-10b 所示。当 $\omega = \omega_0(\Delta\omega = 0)$，即谐振时，回路阻抗为最大且为纯电阻，相移 $\varphi = 0$。当 $\omega \neq \omega_0$ 时，并联回路阻抗下降，相移值增大。当 $\omega > \omega_0$ 时，回路呈容性，相移 φ 为负值，最大负值趋于 $-\pi/2$；当 $\omega < \omega_0$ 时，回路呈感性，相移 φ 为正值，最大值趋于 $\pi/2$。

r 越小，Q 值越大，幅频特性曲线更尖锐，相移曲线在谐振频率附近变化更陡峭。

复习思考题

2.2.1　LC 谐振回路为什么具有选频功能？

2.2.2　LC 串联谐振与 LC 并联谐振的谐振特性有何异同点？

2.3　传输线与天线

2.3.1　传输线

连接天线和发射机输出端（或接收机输入端）的电缆称为传输线或馈线。传输线的主要任务是有效地传输信号能量，因此，它应能将发射机发出的信号功率以最小的损耗传送到发射天线的输入端，或将天线接收到的信号以最小的损耗传送到接收机的输入端。

1. 长线与短线

传输线可分为长线和短线，长线和短线是相对于波长而言的。所谓长线是指传输线的几何长度和线上传输电磁波的波长的比值大于或接近于 1，反之称为短线。

在微波技术中，波长以 m 或 cm 计，故 1m 长的传输线已长于波长，应视为长线；在电力工程中，即使长度为 1000m 的传输线，对于频率为 50Hz（即波长为 6000km）的交流电来说，仍远小于波长，应视为短线。传输线这个名称均指长线传输线。

为什么要区分长线和短线呢？因为长线要考虑分布参数，短线不需要考虑分布参数。

2. 集中参数与分布参数

集中参数是指在电路中，电场能量全部集中在电容中，磁场能量全部集中在电感中，只有电阻消耗电磁能量，元器件之间的连接线是电阻、电容、电感参数均为零的理想导线。集中参数元件是一种理想化的元件，由这些集中参数元件组成的电路称为集中参数电路。

分布参数是指分布在电路元器件及连接线中的参数。例如：电阻不仅消耗电磁能量，也存在着引脚电容与引脚电感；电容不仅存储电场能量，也存在着引脚电阻与引脚电感；电感线圈不仅存储磁场能量，也存在着导线电阻及匝间电容；二极管与晶体管存在着 PN 结电容；元器件之间的连接线是电阻、电容、电感参数不为零的导线。

在低频电路中，常常忽略元器件及连接线的分布参数效应。随着频率的提高，电路元件的辐射损耗、导体损耗和介质损耗的增加，电路元器件的分布参数通常不能忽略。特别是当频率提高到其波长和电路的几何尺寸可相比拟时，电场能量和磁场能量的分布空间很难分开，此时连接元器件的导线的分布参数也不可忽略，电路的性质已转变为分布参数电路。

3. 传输线的分布参数及等效电路

下面以对称线为例讨论传输线的分布参数。

频率提高后，导线中所流过的高频电流会产生趋肤效应，使导线的有效面积减小，高频电阻加大，而且沿线各处都存在损耗，这就是分布电阻效应；通高频电流的导线周围存在高频磁场，这就是分布电感效应；又由于两线间有电压，故两线间存在高频电场，这就是分布电容效应；由于两线间的介质并非理想介质而存在漏电流，这相当于双线间并联一个电导，这就是分布电导效应。当频率提高到微波频段时，这些分布参数不可忽略。

若传输线的几何尺寸、相对位置、导体材料以及周围媒质特性沿电磁波传输方向不改变，即沿线的参数是均匀分布的，则称为均匀传输线。一般情况下均匀传输线单位长度上有四个分布参数：分布电阻 R_1、分布电导 G_1、分布电感 L_1 和分布电容 C_1。它们的数值均与传输线的种类、形状、尺寸及导体材料和周围媒质特性有关。

有了分布参数的概念，我们可以将均匀传输线分割成许多微分段 $dz(dz \ll \lambda)$，这样每个微分段可看做一个集中参数电路，其集中参数分别为 $R_1 dz$、$G_1 dz$、$L_1 dz$ 及 $C_1 dz$，其等效电路为一个 Γ 形网络，如图 2-11a 所示。整个传输线的等效电路是无限多的 Γ 形网络的级联，如图 2-11b 所示。

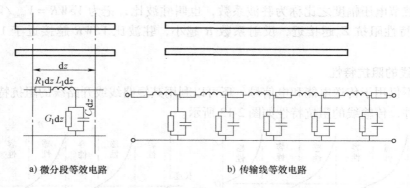

a) 微分段等效电路　　　　　　　　　b) 传输线等效电路

图 2-11　传输线的分布参数及等效电路

4. 传输线的类型

超短波段的传输线一般有两种：平行双线传输线和同轴电缆传输线，如图 2-12 所示；微波波段的传输线有同轴电缆传输线、波导和微带。

平行双线传输线又称为扁平馈线，它由两根平行的导线组成，两根导线均不接地，称为对称式或平衡式传输线，这种馈线损耗大，不能用于 UHF 频段。

同轴电缆传输线的两根导线分别为芯线和屏蔽铜网，因铜网接地，两根导体对地不对称，因此叫做不对称式或不平衡式传输线。同轴电缆工作频率范围宽、损耗小，对静电耦合有一定的屏蔽作用，但对磁场的干扰却无能为力。使用时切忌与有强电流的线路并行走向，也不能靠近低频信号线路。

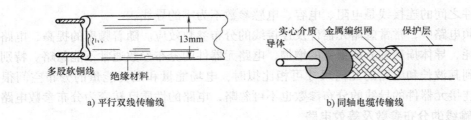

图 2-12　传输线

5. 传输线的阻抗匹配

传输线上各处的电压与电流的比值定义为传输线的特性阻抗，用 Z_0 表示。同轴电缆的特性阻抗通常为 75Ω，平行双线传输线的特性阻抗通常为 300Ω。

当传输线终端所接负载阻抗 Z_L 等于传输线特性阻抗 Z_0 时，称为阻抗匹配。匹配时，传输线上只存在传向终端负载的入射波，而没有由终端负载产生的反射波。因此，匹配能保证负载取得全部信号功率。

当传输线终端所接负载阻抗 Z_L 不等于传输线特性阻抗 Z_0 时，称为阻抗不匹配，则负载只能吸收所传输的部分能量，未被吸收的那部分能量将反射回去形成反射波。

不匹配使传输线上同时存在入射波和反射波。在入射波和反射波相位相同的地方，电压振幅相加为最大电压振幅 V_{max}，形成波腹；而在入射波和反射波相位相反的地方，电压振幅相减为最小电压振幅 V_{min}，形成波节。其他各点的振幅值则介于波腹与波节之间，这种合成波称为行驻波。

反射波电压和入射波电压幅度之比称为反射系数，记为 $R =$ 反射波幅度/入射波幅度，波腹电压与波节电压幅度之比称为驻波系数，也叫驻波比，记为 $VSWR = V_{max}/V_{min}$。终端负载阻抗 Z_L 和特性阻抗 Z_0 越接近，反射系数 R 越小，驻波比 $VSWR$ 越接近于 1，匹配也就越好。

6. 传输线的阻抗特性

传输线不仅用于传送电能和电信号，还可以利用其短路线或开路线的阻抗特性构成电抗性的谐振元件，传输线的阻抗特性如图 2-13 所示。

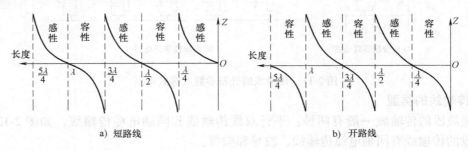

a) 短路线　　　　　　　　　　　　b) 开路线

图 2-13　传输线的阻抗特性

例如，长度小于 1/4 波长的终端短路或开路的传输线，其输入阻抗分别是感抗或容抗；又如长度为 1/4 波长的短路线或开路线分别等效于并联或串联谐振电路，称为谐振线。

7. 传输线中的串扰

当一个电路产生电场时，该电场会影响第二个电路，这种相互影响的系数称为它们的互容。当两个信号回路相互靠近时，一个信号回路的磁场变化将影响另一个信号回路，这种影响的系数称为互感。

相邻导体走线间距越短、越平行，互感与互容越大。串扰主要源自互感与互容，互感通常比互容的问题更严重。

根据串扰所发生的位置，可分为前向串扰和后向串扰。信号通过互感或互容从源端传输到负载端，称为前向串扰；如果信号被反射到源端，称为后向串扰。一般情况下，后向串扰对系统的影响要比前向串扰大。

为了在 PCB 中避免串扰现象的发生，推荐以下布线建议。

1）提供正确的终端匹配阻抗，从而消除后向串扰。

2）尽可能减小布线的长度。

3）避免互相平行的走线布局，并保证走线间有一定的间隔，从而减小互感与互容。

4）降低走线的阻抗和信号的驱动电平。

5）尽量隔离时钟及高速互连等 EMI 较差的信号。

6）减小器件间的距离，使器件布局合理。

7）敏感的器件尽量远离 I/O 互连接口、时钟及易受数据干扰和耦合影响的区域。

2.3.2　天线

天线是进行能量转换即有效地辐射和接收电磁波的装置，凡是利用电磁波来传递信息的，都依靠天线。一般天线都具有可逆性，即同一副天线既可用作发射天线，也可用作接收天线。同一天线作为发射或接收的基本特性参数是相同的，这就是天线的互易定理。

1. 天线分类

1）按工作性质可分为发射天线和接收天线。

2）按用途可分为通信天线、广播天线、电视天线、雷达天线、卫星天线（见图 2-14）等。

3）按工作波长可分为超长波天线、长波天线、中波天线、短波天线、超短波天线、微波天线等。

4）按结构形式和工作原理可分为线天线和面天线（见图 2-14）等。

5）按维数可分为一维天线和二维天线。

6）按使用场合的不同可以分为手持台天线（对讲机天线）、车载天线（车辆天线）、基地天线（通信枢纽）三大类。

图 2-14　卫星天线（抛物面天线）

2. 辐射电磁波原理

麦克斯韦认为，变化的电场和磁场会不断地交替激发，并由近及远地传播出去。这种以一定速度在空间传播的电磁场就是电磁波。天线是辐射电磁波的装置，其工作原理如下。

（1）近区和远区　当导体上通以高频电流时，在其周围空间会产生电场与磁场。按电磁场在空间的分布特性，可分为近区和远区。设 R 为空间一点距导体的距离，在 $R \ll \dfrac{\lambda}{2\pi}$ 时的区域称为近区，在该区内电磁场与导体中的电流、电压有紧密的联系；在$R \gg \dfrac{\lambda}{2\pi}$的区域称为远区，在该区内电磁场能离开导体向空间传播，此现象称为辐射，该区域的电磁场称为辐射场。

（2）辐射电磁波的天线尺寸条件　根据近区与远区现象，为有效地将电磁场的能量辐射出去，则信号的电场和磁场必须分散到远区，这就要求天线的长度 L 与波长 λ 相接近。若天线的长度 L 远小于波长 λ 时，则信号的电场和磁场只能分散到近区，即辐射很微弱。因此，信号频率越高，波长 λ 就越短，天线长度 L 就越小。

（3）LC 振荡电路的电磁波辐射　我们知道，一个 LC 回路能产生自由振荡，即磁场能量与电场能量不断相互转换，但不能辐射电磁波，这是因为电场能量和磁场能量只局限在 L 和 C 中，如图 2-15a 所示。若将电容的两极板张开，如图 2-15b 所示，则电场就散播在周围空间（远区），因而辐射增强。

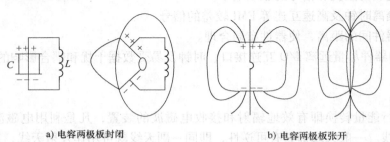

a）电容两极板封闭　　　　　　　　　　b）电容两极板张开

图 2-15　LC 振荡电路的电磁波辐射

3. 半波对称振子天线

在平行双线传输线上，为了实现只有能量的传输而没有辐射，必须保证两线结构对称，线上对应点电流大小和方向相反。要使电磁场能有效地辐射出去，就必须破坏传输线的这种对称性，如把两个导体成一定的角度分开，就能使导体对称性破坏而产生辐射。

两臂长度相等而中心断开并接以传输线，可用作发射和接收天线，此天线称为对称天线。因为天线有时也称为振子，所以对称天线又叫做对称振子。总长度为半个波长的对称振子称为半波对称振子，它是最基本的单元天线，如图 2-16 所示，很多复杂天线都是由它组成的。

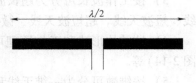

图 2-16　半波对称振子天线

半波对称振子天线的结构可看做是一段开路传输线张开而成。根据传输线的知识，终端开路的平行传输线，其上电流呈驻波分布，如果两线末端张开，辐射将逐渐增强。当两线完全张开时，张开的两臂上电流方向相同，辐射明显增强。

当电磁波从发射天线辐射出来以后，若在电磁波传播的方向上放一对称振子天线，则在电磁波的作用下，天线振子上就会产生感应电动势。如此时天线与接收设备相连，则在接收设备输入端就会产生高频电流。这样天线就起着接收作用并将电磁波转化为高频电流，也就是说此时天线起着接收天线的作用。

4. 天线主要技术指标

（1）增益　增益是指在输入功率相等的条件下，实际天线与理想的辐射天线在空间同一点处所产生的信号的功率密度之比。它定量地描述一个天线把输入功率集中辐射的程度。一般以半波对称振子天线作为基准，半波对称振子天线的增益为 0dB，某天线在最大接收方向上接收的信号电压（功率）与半波对称振子天线在最大接收方向上接收的信号电压（功率）之比，就是该天线的增益。

（2）天线的输入阻抗　天线输入端信号电压与信号电流之比，称为天线的输入阻抗。输入阻抗具有电阻分量和电抗分量。电抗分量的存在会减少天线从馈线对信号功率的提取，因此，必须使电抗分量尽可能为零，也就是应尽可能使天线的输入阻抗为纯电阻。如半波对称振子是最重要的基本天线，其输入阻抗为标称 75Ω，半波折合振子的输入阻抗为半波对称振子的四倍，即标称 300Ω。

（3）天线的工作频率范围（频带宽度）　无论是发射天线还是接收天线，它们总是在一定的频率范围（频带宽度）内工作的，天线的频带宽度有两种不同的定义，一种是指在驻波比 $VSWR \leqslant 1.5$ 的条件下，天线的工作频带宽度；另一种是指天线增益下降 3dB 范围内的频带宽度。

5. 微带天线

在有金属接地板的介质基片上沉积或贴附所需形状金属条、片构成的微波天线称为微带天线。微带天线是近 30 年来逐渐发展起来的一类新型天线。微带天线分为微带贴片天线、微带行波天线和微带缝隙天线三种基本类型。

（1）微带贴片天线（MPA）　微带贴片天线是由介质基片、在基片一面上有任意平面几何形状的导电贴片和基片另一面上的地板所构成，其形状有矩形、圆形等，如图 2-17 所示。

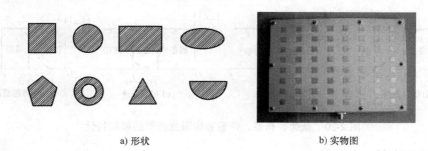

a) 形状　　　　　　　　b) 实物图

图 2-17　微带贴片天线

（2）微带行波天线（MTA）　微带行波天线是由基片、在基片一面上的链形周期结构或普通的长 TEM 波传输线和基片另一面上的地板组成，如图 2-18 所示。

（3）微带缝隙天线　微带缝隙天线由微带馈线和开在地板上的缝隙组成。缝隙可以是矩形（宽的或窄的）、圆形或环形，如图 2-19 所示。

微带天线一般应用在 1 ~ 50GHz 频率范围，特殊的天线也可用于几十兆赫。和常用微波天线相比，微带天线有体积小、重量轻、性能多样化、易集成、方向性好等优点，但也有频带窄、增益较低

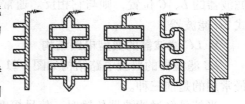

图 2-18　微带行波天线

等缺点。在许多实际设计中，微带天线的优点远远超过它的缺点。应用微带天线的有：移动通信、卫星通信、雷达、导弹遥测、武器信管及 RFID 识别等。

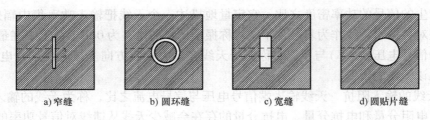

图 2-19　微带缝隙天线

a) 窄缝　　　　　b) 圆环缝　　　　　c) 宽缝　　　　　d) 圆贴片缝

复习思考题

2.3.1　何谓长线与短线？何谓集中参数与分布参数？

2.3.2　怎样正确地使用传输线？

2.3.3　天线有效辐射电磁波的条件有哪些？天线的技术指标有哪些？

2.4　滤波器

滤波器，顾名思义，是对波进行过滤的器件，其主要作用是：让有用信号尽可能无衰减地通过，对无用信号尽可能大地衰减。按所通过信号的频段分为低通滤波器（LPF）、高通滤波器（HPF）、带通滤波器（BPF）和带阻滤波器（BEF）四类，其幅频特性如图 2-20 所示；按滤波器有没有放大环节可分为无源滤波器和有源滤波器两类；按所采用的元器件可分为 RC 滤波器、LC 滤波器、声表面波滤波器、陶瓷滤波器等。

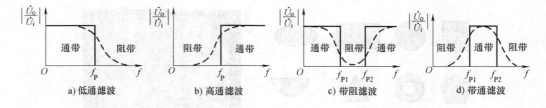

a) 低通滤波　　　　b) 高通滤波　　　　c) 带阻滤波　　　　d) 带通滤波

图 2-20　低通、高通、带通和带阻滤波器的幅频特性

2.4.1　LC 滤波器

LC 滤波器适用于高频信号的滤波，它由电感 L 和电容 C 所组成，由于感抗随频率增加而增加，而容抗随频率增加而减小，因此 LC 低通滤波器的串臂接电感，并臂接电容，高通滤波器的 L、C 位置，则与它相反。通常，LC 滤波器有两类，一是 K 式 LC 滤波器，二是 m 式 LC 滤波器。

1. LC 滤波器的典型电路结构

LC 滤波器的典型电路结构如图 2-21 所示，共有 Γ 形、T 形、π 形及桥形四种电路结构，最常用的是前三种。

当信号经过滤波器传输时，信号幅度和相位都要发生变化。滤波器有通带与阻带，要求信号在通带内无衰减地通过。数学分析指出，对于 Γ 形、T 形及 π 形滤波器，只有当满足关系式

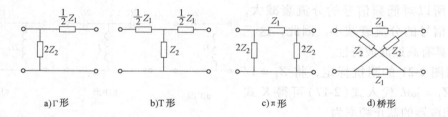

图 2-21　LC 滤波器的典型电路结构

$$-1 \leqslant \frac{Z_1}{4Z_2} \leqslant 0 \tag{2-16}$$

时信号才无衰减，所以满足式（2-16）的所有频率均为通带频率。

式（2-16）表明，构成一个滤波器的阻抗 Z_1 和 Z_2 在通带内必须反性质，即必须一个是感性，另一个是容性，并且同时需满足 $|Z_1/4Z_2| \leqslant 1$。

由图 2-22 可以看出，滤波器的截止频率 f_p 可由下式求得：

$$\frac{Z_1}{4Z_2} = 0 \quad \frac{Z_1}{4Z_2} = -1 \tag{2-17}$$

如果图 2-21 中的 Γ 形、T 形及 π 形滤波器的串臂阻抗 Z_1 和并臂阻抗 Z_2 的乘积是一个不随频率变化的常数 K^2，即满足

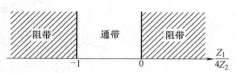

图 2-22　滤波器的通带条件

$$Z_1 Z_2 = K^2 \tag{2-18}$$

则称为 K 式滤波器。

2. K 式低通滤波器

K 式低通滤波器如图 2-23 所示。它是串臂都采用感抗值与频率成正比的电感元件，所以低频信号容易通过，而对高频信号的阻抗很大。它的并臂都采用容抗值与频率成反比的电容元件，所以对高频信号的分流衰减大，而对低频信号的分流衰减小。因此，这三种电路都具有低通滤波特性。

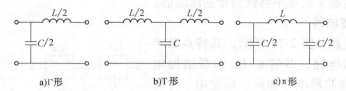

图 2-23　K 式低通滤波器

参照图 2-21 的阻抗标定，将 $Z_1 = \mathrm{j}\omega L$，$Z_2 = 1/(\mathrm{j}\omega C)$ 代入式（2-17）可得 K 式 LC 低通滤波器的截止频率为

$$f_{P1} = 0 \quad f_{P2} = \frac{1}{\pi \sqrt{LC}} \tag{2-19}$$

3. K 式高通滤波器

K 式高通滤波器如图 2-24 所示。电路中元件的电抗性质恰好与低通滤波器相反，即串臂都采用电容元件，所以高频信号容易通过，而对低频信号的阻抗很大。它的并臂都采用电

感元件，所以对低频信号的分流衰减大，而对高频信号的分流衰减小。因此，这三种电路都具有高通滤波特性。

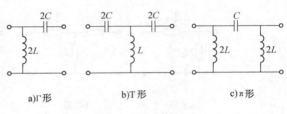

a)Γ形 　　b)T形 　　c)π形

图2-24 K式高通滤波器

参照图2-21的阻抗标定，将 $Z_1 = 1/(j\omega C)$，$Z_2 = j\omega L$ 代入式（2-17）可得 K 式 LC 高通滤波器的截止频率为

$$f_{P1} = \frac{1}{4\pi\sqrt{LC}} \quad f_{P2} = \infty \quad (2-20)$$

4. K式带通滤波器

K 式带通滤波器如图2-25所示，其特点是串臂是 LC 串联谐振电路，并臂是 LC 并联谐振电路，且串、并臂的谐振频率相同，称为中心频率 f_0，即

$$f_0 = \frac{1}{2\pi\sqrt{L_1 C_1}} = \frac{1}{2\pi\sqrt{L_2 C_2}} \tag{2-21}$$

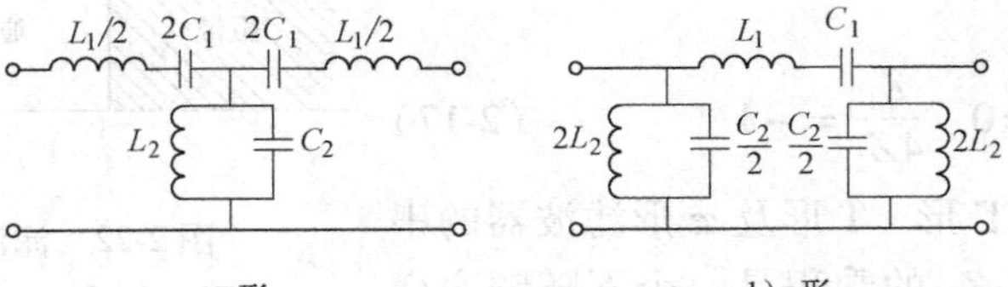

a)T形 　　　　　b)π形

图2-25 K式带通滤波器

当信号频率等于中心频率 f_0 时，串、并臂均发生谐振。串联谐振使串臂阻抗近似为0，使信号畅通；并联谐振使并臂阻抗近似为无穷大，对信号不产生分流衰减，整个滤波器呈电阻性，f_0 在通带范围内。

当信号频率低于中心频率 f_0 时，串臂失谐而呈容性，并臂失谐而呈感性，此时低于 f_0 频率的信号难以通过；当信号频率高于中心频率 f_0 时，串臂失谐而呈感性，并臂失谐而呈容性，此时高于 f_0 频率的信号难以通过。

以上情况综合起来的频率特性为带通滤波器。

5. K式带阻滤波器

K 式带阻滤波器如图2-26所示，其特点是串臂是 LC 并联谐振电路，并臂是 LC 串联谐振电路，与 K 式带通滤波器刚好相反。通常串、并臂的谐振频率相同，即 $f_0 = f_{01} = f_{02}$。

当信号频率等于中心频率 f_0 时，串、并臂均发生谐振。串联谐振使串臂阻抗近似为0，信号被旁路；并联谐振使并臂阻抗近似为无穷大，信号被隔离，f_0 在阻带范围内。

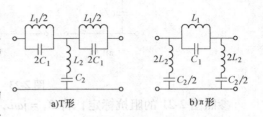

a)T形 　　　b)π形

图2-26 K式带阻滤波器

当信号频率低于中心频率 f_0 时，串臂失谐而呈感性，并臂失谐而呈容性，此时低于 f_0 频率的信号能通过。当信号频率高于中心频率 f_0 时，串臂失谐而呈容性，并臂失谐而呈感性，此时高于 f_0 频率的信号能通过。

以上情况综合起来的频率特性为带阻滤波器。

6. m 式滤波器

K 式滤波器电路结构简单，在阻带中离截止频率越远衰减越大，但这种滤波器存在两个缺点。一是衰减频率特性在截止频率处不够陡，因而不能很好地区分通带与阻带，不能有效地滤除不需要的干扰信号；二是通带中特性阻抗随频率变化较大，使得滤波器与负载匹配不佳。为克服 K 式滤波器的缺点，在其基础上又产生了 m 式滤波器。

若将 K 式 T 形低通（高通）滤波器并臂中的电容（或电感）改为串联谐振，如图 2-27 所示，则这种电路称为串联 m 式滤波器。由于并臂谐振时的阻抗为 0，对信号短路，相当于对信号的衰减为无穷大，故并臂的谐振频率称为"无穷大衰减频率"，用 f_∞ 表示。如果 f_∞ 位于阻带内且接近于截止频率，则滤波器的衰减频率特性在截止频率与谐振频率之间将出现急

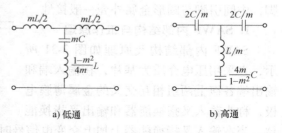

图 2-27　串联 m 式低通和高通滤波器

剧变化，这就改善了 K 式滤波器的衰减频率特性在截止频率处不够陡的缺点。

若将 K 式 π 形低通（高通）滤波器串臂中的电感（或电容）改为并联谐振，如图 2-28 所示，则这种电路称为并联 m 式 LC 滤波器。同理，当串臂发生并联谐振时的阻抗为无穷大，信号被阻断，衰减为无穷大。若并联谐振频率 f_∞ 位于阻带内且接近于截止频率，则频率特性在截止频率附近将更加陡峭。

在图 2-27 和图 2-28 中，常数 m 介于 0～1 之间。当 m = 1 时，m 式滤波器就成为 K 式滤波器，因此可将 K 式滤波器视为 m 式滤波器的一个特例。当 m 接近零值时，截止频率特性的尖锐度增高，但对于截止频率的倍频之衰减率将随着而减小。最实用的 m 值为 0.6。

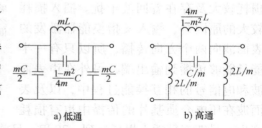

a) 低通　　　　b) 高通

图 2-28　并联 m 式低通和高通滤波器

7. LC 滤波器的应用

电视机 VHF 高频调谐器的功能是接收 1～12 频道的高频电视信号，所以需要对天线接收进来的高频电视信号进行 LC 滤波，即滤除 1～12 频道以外的干扰信号。

调谐器中的 LC 滤波器如图 2-29 所示。由 L_1、L_2、C_1 组成 K 式 T 形低通滤波器，以滤除 12 频道（223MHz）以上的干扰信号；由 L_4、L_5、C_3 组成 K 式 π 形高通滤波器，以滤除 1 频道（48.5MHz）以下的干扰信号；L_3、C_2 是中频（38MHz）陷波器，L_6、C_4 也是中频陷波器。

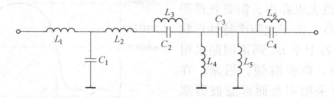

图 2-29　调谐器中的 LC 滤波器

2.4.2　声表面波滤波器

声表面波滤波器（Surface Acoustic Wave Filters，SAWF）是一种新型电子器件，它可以一次性形成复杂形状的频率特性。SAWF 性能稳定，不需要调整，在电视机中被广泛应用。

SAWF 外形结构与电路符号如图 2-30 所示。它有两个输入引脚和两个输出引脚，中间引脚与圆形金属外壳一般接地。

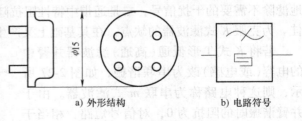

a) 外形结构　　　　　b) 电路符号

图 2-30　SAWF 外形结构与电路符号

1. SAWF 内部结构与工作原理

SAWF 内部结构及原理如图 2-31 所示，它采用压电介质为基片，在输入端和输出端各镀上两组相互交叉的金属薄膜电极，称为输入叉指换能器和输出叉指换能器。当在输入叉指换能器上加上交变电信号时，根据逆压电效应，会在压电介质表面激发起一种弹性波，它属于声波传播速度，所以又称为声表面波。声表面波沿着压电介质表面向输入和输出两个方向传播，向输入方向传播的声表面波被吸声材料所吸收，向另一个方向传播的声表面波到达输出叉指换能器，由于压电效应，输出叉指换能器又将声表面波转换成交变电信号。

2. SAWF 的插入损耗与回波干扰

声表面波滤波器的主要缺点是插入损耗较大及存在着回波干扰。插入损耗较大的原因是，输入叉指换能器激发的表面波向两个方向传播，所以只有一半能量能够传播到输出端，另外在声表面波和电信号的相互换能过程中，以及表面波在压电介质基片的传播中也有损耗

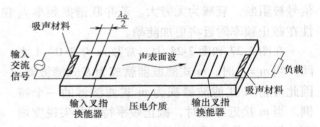

图 2-31　SAWF 内部结构及原理

产生。早期产品插入损耗达到 -20dB，目前新型声表面波滤波器的插入损耗为 -6dB。

由于压电效应的可逆性，输出端的电信号也会产生向两个方向传播的声表面波，称为二次回波，其中一半二次回波又传播到输入端，在换能处转换成电信号，而此电信号又会产生表面波，称为三次回波。依次类推，声表面波将在输入、输出之间作衰减式往返传播，时间差使图像产生重影。削弱回波干扰的有效方法是失配法，即使负载与声表面波滤波器的输出端失配。这种方法虽然会使输出主信号幅度减小，但可大大减小回波的影响。

3. SAWF 的应用实例

在电视机中频放大电路中，需要获得图 2-32 所示的中频特性。由于此频率特性形状复杂，早期均采用若干个 LC 调谐回路来组合获得，电路复杂，调整麻烦。后来，在电视机电路中广泛采用声表面波滤波器来获得此中频特性，使电路简化，且不需要调整。

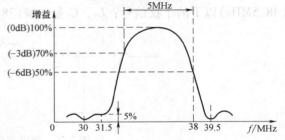

图 2-32　中频放大电路的特性频率

2.4.3　陶瓷滤波器

随着电子技术的发展，电子设备更趋于小型化，在许多方面，LC 滤波器由于受到电感元件的限制而不能满足现代技术发展的要求。而具有机械谐振特性和能量转换能力的压电陶瓷，在滤波器技术中得到了广泛的应用。

陶瓷滤波器是由锆钛酸铅陶瓷材料制成的，把这种陶瓷材料制成片状，两面涂银作为电极，经过直流高压极化后就具有压电效应，起滤波的作用，具有稳定、抗干扰性能良好的特点，广泛应用于电视机、收音机等无线电电路中。它具有性能稳定、无需调整、价格低等优点，取代了传统的 LC 滤波网络。

如图 2-33 所示，按幅频特性分为带阻陶瓷滤波器(陷波器)、带通陶瓷滤波器两类；按结构分为二端陶瓷滤波器和三端陶瓷滤波器两大类。

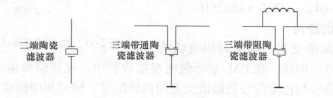

二端陶瓷　　　　三端带通陶　　　　三端带阻陶
滤波器　　　　　瓷滤波器　　　　　瓷滤波器

图 2-33　陶瓷滤波器电路符号

彩电中的带通滤波器常用到 4.5MHz、5.5MHz、6.0MHz、6.5MHz 陶瓷滤波器，调频立体声收音机常用到 10.7MHz 陶瓷滤波器，调幅收音机常用到 465kHz 陶瓷滤波器。

彩电中的带阻滤波器(陷波器)常用型号有 4.43MHz、4.5MHz、5.5MHz、6.0MHz、6.5MHz。

2.4.4　梳状滤波器

1. 什么是梳状滤波器

梳状滤波器的基本原理是：将一个信号经过延时，然后与非延时(直通)信号相加或相减。由于信号经过延时以后，相位将发生变化，当延时信号与直通信号相加或相减时，对于有些频率，相位可能同相，对于有些频率，相位可能反相，于是将产生梳齿形幅频特性。

先来分析一个简单的梳状滤波器，如图 2-34 所示，它由一个 20ms 延时线及加减法器组成。

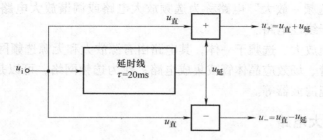

图 2-34　简单的梳状滤波器

由于延时量 $\tau = 20\text{ms}$，令 $f_\tau = 1/\tau = 1/20\text{ms} = 50\text{Hz}$。显然，对于 50Hz、100Hz、150Hz、$\cdots$、$nf_\tau$、$\cdots$ 频率的输入信号 u_i，延时信号与直通信号同相位，此时加法器输出为输入的两倍，

减法器输出为零。对于 25Hz、75Hz、125Hz、…、$(n-1/2)f_\tau$、…频率的输入信号，延时信号与直通信号反相，此时加法器输出为零，减法器输出为输入的两倍。

由以上分析可以推理出，对于介于$(n-1/2)f_\tau$与nf_τ之间的输入信号，加法器与减法器的输出将介于零与最大之间，加法器与减法器的幅频特性如图 2-35 所示，这是一种梳齿形幅频特性，加法器的特性曲线峰点对应着减法器的特性曲线谷点，而加法器的特性曲线谷点对应着减法器的特性曲线峰点。

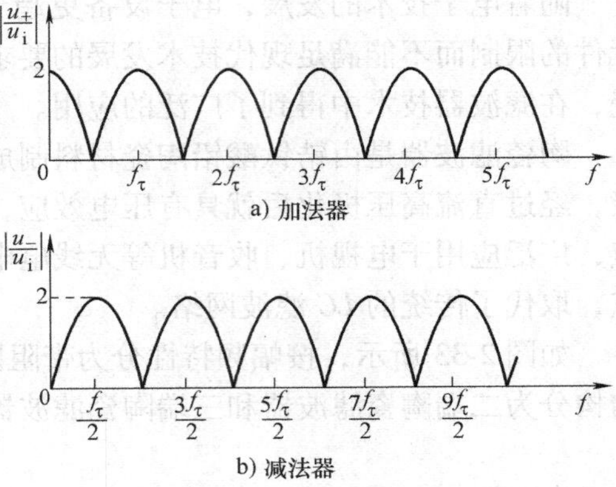

梳状滤波器的幅频特性齿距（相邻两个峰点或谷点的频率间距）为f_τ，若延时量$\tau=20\text{ms}$，则$f_\tau=50\text{Hz}$；若$\tau=64\mu\text{s}$，则$f_\tau=15625\text{Hz}$。

2. 梳状滤波器的应用

如果两个信号频谱交叉，则可利用梳状滤波器来分离两个信号。例如，在 PAL 制彩色电视接收机中，视频信号由亮度信号和色度信号组成，由于亮度信号与色度信号是频谱交叉的两种信号，则可利用梳状滤波器来实现两者信号的分离。又如，PAL 制色度信号由红色分量和蓝色分量组成，由于红色分量和蓝色分量是频谱交叉的两个信号，所以可利用梳状滤波器实现两者的分离。

图 2-35　加法器与减法器的幅频特性

梳状滤波器在录像机电路中也有应用。

复习思考题

2.4.1　什么是 K 式 LC 滤波器？什么是 m 式 LC 滤波器？

2.4.2　声表面波滤波器有何特点？适于哪些应用场合？

2.4.3　什么是梳状滤波器？其延时量如何确定？适于哪些应用场合？

2.5　选频放大电路

在无线电通信接收设备中，经常要在众多信号中选出某一个有用的信号进行放大，如在收音机中，要选择某一个广播电台信号进行放大；在电视机中，要选择某一个电视台的信号进行放大。这种"选频 + 放大"电路称为选频放大电路或调谐放大电路，通常均为小信号高频放大电路，属于线性电路。

选频放大电路集放大、选频于一体，其电路由有源放大和无源选频网络组成。作为放大部件，可以是晶体管、场效应晶体管或集成电路；作为选频网络，可以是 LC 谐振回路、声表面波滤波器及陶瓷滤波器等。

2.5.1　单调谐放大电路

1. 电路组成与工作原理

单调谐放大电路的基本电路如图 2-36a 所示，输入和输出端采用变压器耦合，可将变压器绕组对直流视为短路，于是得到直流通路，如图 2-36b 所示。显然，这是一个分压式偏置放大电路。

C_b 是基极旁路电容，C_e 是发射极旁路电容。所谓旁路是指将电容对有用信号视为短路。于是得到交流通路，如图 2-36c 所示。为了使放大电路具有选频功能，在放大管的集电极接有 LC 调谐回路。若忽略放大管输出端电容 C_o 和负载电容 C_L 的影响，则谐振频率为

$$f_0 \approx \frac{1}{2\pi\sqrt{LC}} \tag{2-22}$$

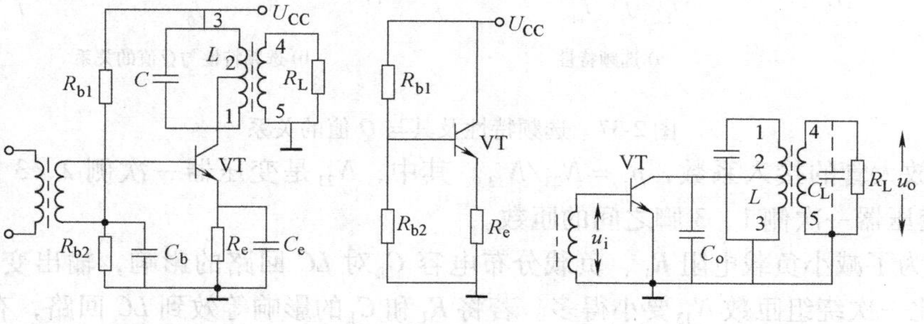

a) 基本电路　　　　b) 直流通路　　　　c) 交流通路

图 2-36　单调谐放大电路

选频放大的原理是：若输入信号的频率就是回路的固有频率 f_0，则 LC 回路发生并联谐振，就相当于在放大管集电极接入一个很大的电阻性负载；LC 回路中的信号电流是放大管集电极信号电流的 Q 倍，Q 是回路的品质因数；此时输出信号电压最大，电压放大倍数也为最大。若信号频率远离 f_0，则 LC 回路失谐，放大管集电极负载很小，信号就得不到放大。

2. 选频特性

单调谐放大电路的选频特性如图 2-37a 所示。当信号频率等于 LC 回路的谐振频率 f_0 时，电压放大倍数最大为 A_{u0}。当电压放大倍数下降到 $0.707A_{u0}$ 时所对应的频率分别称为上限频率 f_H 和下限频率 f_L，则放大电路的通频带为 $BW = f_H - f_L$。

选频放大电路除了电压放大倍数技术指标外，还有选择性和通频带两个特殊的技术指标。因为选频放大电路的放大对象是高频调制信号，它以载频 f_c 为中心频率，f_c 两侧还有两个上、下边带。所以要求选频放大电路的谐振频率等于输入信号的中心频率，且通频带应将被放大信号的上、下边带包含进去。如果信号的上、下边带得不到均匀放大，则将产生频率失真。

选择性与通频带这两个技术指标都与 LC 回路的品质因数 Q 密切相关，如图 2-37b 所示。若 Q 值大，则选频特性曲线陡峭，电压放大倍数大，选择性好，但通频带窄；若 Q 值小，则电压放大倍数小，选频特性平坦，通频带宽，但选择性差。

最后还要说明的是，放大管集电极为什么要接在 L 的抽头 2 脚，而不接在 L 的 1 脚。这是因为若将集电极接在 L 的 1 脚，则放大管输出端分布电容 C_o 及输出电阻 r_{ce} 就直接并联在 L 两端，r_{ce} 的并联将使回路的品质因数 Q 值降低，C_o 的并联将使谐振频率发生变化。将集电极接在 L 抽头的接法，称为部分接入法。此时，放大管输出端分布电容 C_o 及输出电阻 r_{ce} 并联在 L 的 2、3 两端，这将极大地减轻对 LC 回路的影响。若等效到 L 的 1、3 两端，则电阻阻值变大，电容容量变小，有下列等效关系：

$$C_o' = p_1^2 C_o \qquad r_{ce}' = \frac{r_{ce}}{p_1^2} \tag{2-23}$$

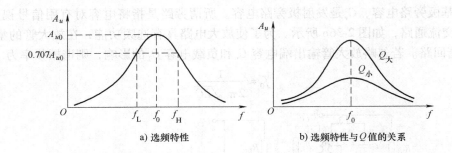

a) 选频特性　　　　　　　　　　　b) 选频特性与 Q 值的关系

图 2-37　选频特性及其与 Q 值的关系

式中，p_1 为放大管的接入系数，$p_1 = N_{23}/N_{13}$。其中，N_{23} 是变压器一次侧 2、3 脚之间的匝数，N_{13} 是变压器一次侧 1、3 脚之间的匝数。

同理，为了减小负载电阻 R_L、负载分布电容 C_L 对 LC 回路的影响，输出变压器二次绕组匝数 N_{45} 比一次绕组匝数 N_{13} 要小得多。若将 R_L 和 C_L 的影响等效到 LC 回路，有

$$C_L' = p_2^2 C_L \quad R_L' = \frac{R_L}{p_2^2} \tag{2-24}$$

式中，p_2 是负载的接入系数，$p_2 = N_{45}/N_{13}$。

单调谐放大电路的等效电路如图 2-38 所示。图中 $p_1\beta i_b$ 是受控源 βi_b 等效到 LC 回路的值，R_0 是 LC 回路本身的损耗电阻。

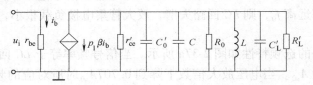

图 2-38　单调谐放大电路的等效电路

例 2-1　对于图 2-36 所示单调谐放大电路，已知谐振频率 $f_0 = 465\,\text{kHz}$，$N_{13} = 162$ 匝，$N_{23} = 46$ 匝，$N_{45} = 13$ 匝，$L = 560\,\mu\text{H}$，空载品质因数 $Q_0 = 100$，$r_{ce} = 10\,\text{k}\Omega$，$R_L = 1\,\text{k}\Omega$。求有载品质因数 Q_e。

解：① 求回路损耗电阻 R_0：

$$\omega_0 L = 2\pi \times 465 \times 10^3\,\text{Hz} \times 560 \times 10^{-6}\,\text{H} = 1.63\,\text{k}\Omega$$

$$R_0 = Q_0 \omega_0 L = 100 \times 1.63\,\text{k}\Omega = 163\,\text{k}\Omega$$

② 求 r_{ce}' 和 R_L'：

$$p_1 = N_{23}/N_{13} = 46/162 \approx 0.28$$

$$p_2 = N_{45}/N_{13} = 13/162 \approx 0.08$$

$$r_{ce}' = \frac{r_{ce}}{p_1^2} = \frac{10\,\text{k}\Omega}{0.28^2} \approx 128\,\text{k}\Omega$$

$$R_L' = \frac{R_L}{p_2^2} = \frac{1\,\text{k}\Omega}{0.08^2} \approx 156\,\text{k}\Omega$$

③ 求回路品质因数 Q_e：

$$Q_e = \frac{R_0 /\!/ r_{ce}' /\!/ R_L'}{\omega_0 L} = \frac{163 /\!/ 128 /\!/ 156}{1.63} \approx 30$$

由计算可知，受晶体管输出电阻及负载电阻的影响，谐振回路的品质因数从 100 降到了 30。

2.5.2　双调谐放大电路

1. 电路的组成与工作原理

单调谐放大电路虽然简单、调整方便，但它不能很好地解决选择性与通频带之间的矛盾。若要获得宽的通频带，而选择性也比较理想，则可采用双调谐放大电路。

双调谐放大电路如图 2-39a 所示。放大管 VT_1 输出端有分别由 L_1、C_1 和 L_2、C_2 组成的两个调谐回路。L_1C_1 称为一次回路，L_2C_2 称为二次回路。一、二次回路之间采用互感耦合，当然也可以采用电容耦合。在实际电路中，一、二次回路通常都调谐在同一个频率 f_0 上，一、二次回路元件参数相等，品质因数 Q 相等。

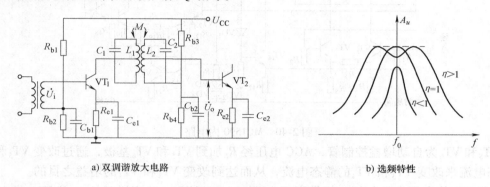

a) 双调谐放大电路　　　　　　b) 选频特性

图 2-39　双调谐放大电路及选频特性

2. 选频特性

改变互感 M 可改变一、二次回路之间的耦合程度。但通常用耦合系数 k 来表征耦合程度，耦合系数为

$$k = \frac{M}{\sqrt{L_1 L_2}} \tag{2-25}$$

定义 $\eta = kQ$ 为耦合因数，Q 为回路品质因数。双调谐放大电路的选频特性如图 2-39b 所示。若耦合因数 η 不同，则选频特性也不同。

弱耦合（$\eta < 1$）：选频特性为单峰，峰点在 f_0 处。随着 η 的增加，峰值逐渐增大。此种耦合的电压放大倍数低，通频带也不宽，故很少采用。

临界耦合（$\eta = 1$）：选频特性亦为单峰，峰点在 f_0 处。此种耦合，峰值达到最大值，曲线两侧较陡，顶部变化平缓，故通频带比单调谐的宽，选择性也比单调谐的好。

强耦合（$\eta > 1$）：选频特性为双峰，两个峰值亦达到最大值，在 f_0 处曲线下凹。η 越大，两峰间距也越大，中间下凹也越多。通常允许曲线中间略有下凹，所以此种耦合能获得很宽的通频带及良好的选择性。

2.5.3　集成调谐放大电路

随着电子技术的发展，在许多新设计的无线电设备中，人们越来越广泛地使用集成调谐放大器。由于在集成芯片上制造电感、电容有困难，因此调谐放大器不能全部集成化，只能将调谐放大器的放大部分集成化，选频部分采用外接的办法。

下面介绍 MC1590 集成宽带放大器，其内电路如图 2-40 所示，它可以与 F1590、L1590 及 XG1590 等国产型号互换。输入级为差分式共发射极-共基极级联放大电路，VT_1 和 VT_2 接成共发射极电路，VT_3 和 VT_4 接成共基极电路，该级联放大电路可提供较高增益和足够宽的频带。信号从 VT_3 和 VT_4 集电极双端输出，再经 VT_7 和 VT_8 缓冲放大及 VT_9 和 VT_{10} 差分放大后输出。

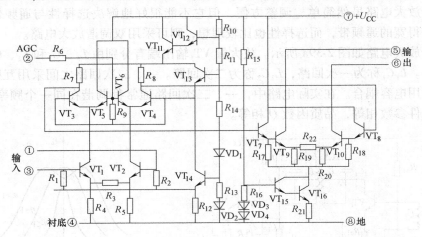

图 2-40　MC1590 内电路

VT_5 和 VT_6 为自动增益控制管，AGC 电压经 R_6 加到 VT_5 和 VT_6 基极，通过改变 VT_5 和 VT_6 的静态电流来改变 VT_3 和 VT_4 的静态电流，从而达到改变 VT_3 和 VT_4 的增益之目的。

MC1590 的主要参数包括：频带宽度 $BW = 0 \sim 150\text{MHz}$，功率增益 $A_P \geqslant 40\text{dB}$，最大功耗 $P_{\text{CM}} = 200\text{mW}$，噪声系数 $NF \leqslant 6\text{dB}$。采用单电源供电，金属壳 8 脚封装，是一种射频/中频专用集成宽带高增益放大器。

由 MC1590 组成的调谐放大电路如图 2-41 所示，电源电压经 C_5、L_2 和 C_6 组成的 π 形滤波器滤波后加到 MC1590 的⑦脚，并加到⑤和⑥脚。电容 C_3 使③脚交流接地，于是 L_1 与 C_2 构成并联谐振回路，谐振频率由 C_2 调整。信号从⑤和⑥脚输出，并由 C_4 和 L_3 组成调谐回路，谐振频率由 C_4 调整，其中⑥脚交流接地。

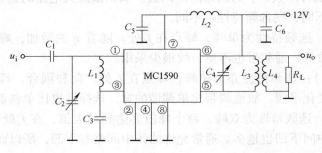

图 2-41　由 MC1590 组成的调谐放大电路

复习思考题

2.5.1　单调谐放大电路的通频带和选择性与品质因数 Q 是什么关系？

2.5.2　双调谐放大电路的选频特性有何特点？

2.5.3　在调谐放大电路中，为什么要采用部分接入法？

2.6　锁相电路

在无线电电路中，要求产生一个频率与相位严格符合规定的振荡信号，这就要设计一个锁相电路，以便对振荡器的频率与相位进行控制。

2.6.1　锁相电路组成与原理

1. 锁相电路组成

锁相电路是一个自动相位控制（APC）电路，它是一个闭合的反馈控制环路，又称锁相环（PLL）电路，广泛应用于电子技术领域，尤其是无线电电路。

锁相电路由压控振荡器（VCO）、鉴相器（PD）和环路低通滤波器（LPF）组成，锁相电路组成框图如图 2-42 所示。所谓压控振荡器是指振荡器的频率由一个电压来控制，电压的正或负可使振荡器的频率升高或降低。

图 2-42　锁相电路组成框图

2. 锁相电路原理

鉴相器是一个相位比较电路，输入的基准信号 u_i 与压控振荡器输出的信号 u_o 进行相位比较，输出一个代表相位差的误差信号，经过环路低通滤波，得到误差控制电压 u_{APC} 去控制压控振荡器，使压控振荡器的振荡频率朝减小两信号频率差和相位差的方向变化，最终使压控振荡信号的频率 f_o 等于基准信号的频率 f_i，无频率差，只有一定的相位误差（$\theta_i - \theta_o$），即相位被锁定。

由于维持相位锁定的直流控制电压 u_{APC} 由鉴相器提供，因此鉴相器不可能完成消除两个输入信号之间的相位差，相位锁定后的相位差称为"剩余相位误差"。

2.6.2　锁相电路性能分析

1. 捕捉范围

当振荡信号频率与基准信号频率不相等时，锁相电路具有自动将压控振荡器的频率牵引到基准信号频率的能力，最终实现相位锁定，这一过程称为捕捉。但环路实现捕捉和锁定是有条件的，即压控振荡器的振荡频率与基准信号频率相差有限。若频率误差超过某一范围，相位不能锁定。锁相电路能捕捉的最大频率失谐范围，称为捕捉范围，如图 2-43 所示。

图 2-43　捕捉范围与保持范围

2. 保持范围

当环路处于锁定状态后，若受到某种干扰导致振荡信号频率有变化，如果变化量不大，锁相电路仍能始终保持对振荡器频率与相位的锁定，这个过程称为保持。因此，在环路已经锁定的状态下，环路能保持锁定的最大频率失谐范围，称为保持范围，如图 2-43 所示。保持范围通常大于捕捉范围。

3. 低通滤波器

鉴相器输出的误差控制电压必须经过低通滤波后形成直流控制电压 u_{APC}，才能对振荡器进行控制。普通的低通滤波器就是一级 RC 积分滤波器，又称为单时间常数滤波器，如图2-44a所示。

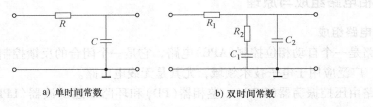

a) 单时间常数　　　　　　　　b) 双时间常数

图 2-44　低通滤波电路

低通滤波器的时间常数 RC 选择十分重要。RC 时间常数越大，则锁相电路的抗干扰能力就越强。这是因为滤波电容 C 上的电压是不能突变的，只有经过不断地充电或放电，才能"累积"一定电压。短暂的干扰脉冲难以使电容上的电压发生明显变化，RC 时间常数越大，这个特性越明显。但是，如果 RC 时间常数过大，则鉴相器输出的误差电压对电容 C 的充放电产生的电压变化也缓慢，则锁相的速率就慢。另外，若 RC 时间常数过大，则滤波器的截止频率太低，鉴相器的捕捉范围将变窄。

为兼顾锁相速度与抗干扰两项指标，通常采用双时间常数低通滤波器，如图 2-44b 所示。图中 C_1 容量大于 C_2 容量，R_1 阻值大于 R_2 阻值。

4. 剩余相位误差

锁相电路通过控制，只能使振荡信号的频率等于基准信号的频率，两者无频率差，但不能使振荡信号的相位与基准信号的相位一致，两者之间存在着剩余相位误差（$\theta_i - \theta_o$）。这是因为振荡电路在没有鉴相电压控制的情况下，其自由振荡频率不可能等于基准信号频率，偏差总是存在，频率不是偏高就是偏低。为了将振荡电路的频率牵引到正确的频率上来并保持住，鉴相器必然要保持一个正或负的控制电压 u_{APC} 输出，而该控制电压 u_{APC} 是由鉴相器输入的两个信号的相位差产生的，所以锁相电路必然存在着一个剩余相位误差。

剩余相位误差越小越好。为了减小剩余相位误差，一方面，振荡器的自由振荡频率偏差要小；另一方面，锁相环路的增益要高。

5. 振荡器压控特性

振荡器的压控特性是指瞬时振荡频率 f_o 与控制电压 u_{APC} 的关系，压控特性曲线如图 2-45 所示。当 $u_{APC} = 0$ 时，振荡器为自由振荡状态；当 u_{APC} 为正时，振荡频率升高（也可以降低）；当 u_{APC} 为负时，振荡频率降低（也可以升高）。图中的压控特性曲线越陡，表明压控灵敏度越高，即 u_{APC} 控制振荡频率的能力越强，锁相电路的性能越好，剩余相位

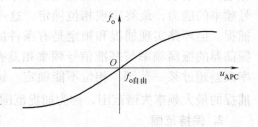

图 2-45　振荡器的压控特性曲线

误差越小。

2.6.3 锁相电路的应用

由于锁相电路具有优良的特性，再加上数字集成锁相电路的出现，使锁相电路在通信、雷达、导航、电视、测试仪表等电子技术领域获得了广泛的应用。下面列举两个关于锁相电路在实际应用中的例子。

1. 在电视机副载波恢复电路中的应用

在电视机彩色解码电路中，需要产生一个 4.43MHz 的副载波信号，该信号必须与所接收电视信号中的色度信号副载波同步，即同频同相。为此，电视机中均有一个 4.43MHz 副载波信号振荡器，振荡频率与相位由锁相电路来控制，如图 2-46 所示。

图 2-46 锁相电路在副载波恢复电路中的应用

在图 2-46 中，送入鉴相器的基准信号是色同步信号 C_b，另一个信号是 $\sin\omega_S t$，表示相位被锁在 0° 的 4.43MHz 正弦波。

2. 在频率合成电路中的应用

频率合成是指由一个或多个频率稳定度和精确度很高的参考信号源通过频率域的线性运算，产生具有同样稳定度和精确度的大量离散频率的过程。

在通信、雷达和导航等无线电设备中，频率合成器既是发射机的激励信号源，又是接收机的本机振荡器；在电子对抗设备中，它可以作为干扰信号发生器；在测试设备中，它可以作为标准信号源。因此频率合成器被人们称为许多电子系统的"心脏"。

频率合成分为直接合成和间接合成两种。直接合成又分为直接模拟合成和直接数字合成。直接模拟合成利用倍频、分频、混频及滤波，从单一或几个参数频率中产生多个所需的频率。该方法频率转换时间快（小于 100ns），但是体积大、功耗大，目前已基本不被采用。直接数字式频率合成器(DDS)具有低成本、低功耗、高分辨率和快速转换时间等优点，广泛使用在电信与电子仪器领域，是实现设备全数字化的一个关键技术。

间接频率合成利用锁相环迫使压控振荡器（VCO）的频率锁定在高稳定的参考频率上，从而获得多个稳定频率，故又称锁相式频率合成。该方法结构简化、便于集成，且频谱纯度高，目前使用比较广泛，但存在高分辨率和快转换速度之间的矛盾，一般只能用于大步进频率合成技术中。

图 2-47 所示是数字锁相式频率合成器的基本形式，它由压控振荡器、鉴相器、可变分频器和环路滤波器组成。

压控振荡器的输出信号经可变分频器分频后在鉴相器内与基准信号比较。当压控振荡器发生频率漂移时，鉴相器输出的控制电压 u_{APC} 也随之变化，从而使压控振荡器的频率 f_0 始终锁定在 N 倍的基准频率 f_R 上。锁定条件为

$$f_0 = Nf_R \tag{2-26}$$

从式(2-26)可以看出，改变可变分频器的分频比 N，便可改变频率合成器的输出频率。

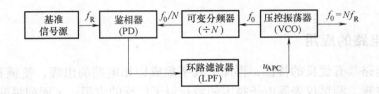

图 2-47　数字锁相式频率合成器的基本形式

3. 数字锁相环 CC4046 介绍

数字锁相环 CC4046 采用 CMOS 工艺，其内部结构及外围电路如图 2-48 所示。CC4046 内有 PC_1 和 PC_2 两个相位比较器，PC_1 具有鉴相功能，当 PC_1 相位锁定时 2 脚输出高电平；PC_2 仅在两个比较输入信号的上升沿起作用，与输入信号的占空比无关。相位比较的两个信号分别从 3 脚和 14 脚输入，要求两个输入信号必须各自为占空比为 50% 的方波。

压控振荡器 VCO 的自由振荡频率由 6、7 脚的电容 C_1、11 脚电阻 R_1 及 12 脚电阻 R_2 决定，R_2 通常为开路。VCO 的最高振荡频率与电源电压 U_{DD} 有关，当 U_{DD} 为 5V 时，最高振荡频率小于 0.6MHz，当 U_{DD} 为 12V 时，

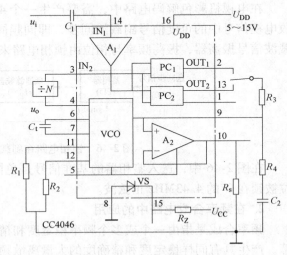

图 2-48　CC4046 内部结构及外围电路

最高振荡频率可达到 1MHz。振荡信号从 CC4046 的 4 脚输出，经 N 分频后重新从 3 脚输入。

相位比较器输出的误差控制电压，经过低通滤波后从 9 脚输入，对 VCO 进行控制。R_3、R_4 及 C_2 组成低通滤波器，滤波器截止频率为

$$f = \frac{1}{2\pi(R_3 + R_4)C_2} \tag{2-27}$$

只有当 5 脚使能端 INH 为 0 时，CC4046 的 4 脚才输出振荡信号，缓冲器 A_2 才输出控制电压。

2.6.4　锁相电路的测试

以电视机行扫描中的锁相电路测试为例。

1. 电视机行扫描锁相电路组成及原理

在 CRT 电视机中，电子束在屏幕水平方向的扫描称为行扫描，国家规定行扫描频率为 15625Hz，周期为 64μs，其中行正程扫描为 52μs，行逆程扫描为 12μs，而且要求电子束扫描与图像信号同步。

电视机行扫描中的锁相电路组成如图 2-49 所示。扫描信号由压控振荡器产生，然后由鉴相器对压控振荡器的频率与相位进行控制，使之达到同步要求。送入鉴相器的基准信号是行同步脉冲；送入鉴相器的比较信号是行扫描脉冲，该脉冲的频率与相位就是振荡器信号的频率与相位。如果行扫描不同步，即振荡频率与相位有偏差，鉴相器将输出的 u_{APC} 电压对振

荡器进行捕捉控制或保持控制，使行扫描频率与相位达到同步要求。

图 2-49　电视机行扫描中的锁相电路组成

2. 测试电路分析

以图 2-50 所示的 TA7698AP 行扫描锁相电路为例。行扫描逆程脉冲经由 R402、C402、C401、RP452 组成的积分电路变换，变成负向锯齿波作用于 35 脚。在 TA7698AP 内部集成电路中，来自同步分离电路的负极性行同步脉冲加至鉴相器，鉴相器比较行同步脉冲与锯齿波的相位关系，产生与两者相位差相对应的误差电压，通过由 R403、C403、R404、C407 组成的双时间常数低通滤波器变为 u_{APC} 直流控制电压，经 R405 送至 34 脚，对行振荡 VCO 电路进行控制。

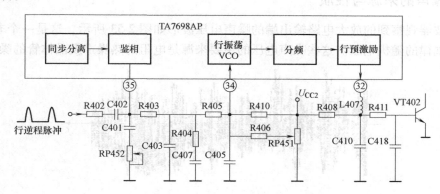

图 2-50　TA7698AP 行扫描锁相电路

3. 锁相电路测试内容

1）用示波器测试 R402 左端的行扫描脉冲波形及 35 脚的锯齿波波形。

2）调节 RP451 可改变行扫描自由振荡频率，边调节边观察电视机屏幕图像同步情况，以检查锁相电路的捕捉性能及保持性能如何。行扫描不同步故障现象如图 2-51 所示。

3）调节 RP452 可改变鉴相器对行扫描相位的锁定，边调节边观察电视机屏幕图像在水平方向的位置锁定。

4）用电铬铁焊下 R403 电阻，即断开 u_{APC} 控制电压，观察电视机屏幕图像不同步故障现象。

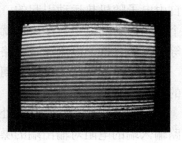

图 2-51　行扫描不同步故障现象

复习思考题

2.6.1　锁相环电路由哪些电路组成？应用场合如何？

2.6.2　什么是锁相环的捕捉范围、保持范围、剩余相位误差？

2.6.3　低通滤波器的时间常数大小对锁相性能的影响如何？

2.7　无线电电路中的噪声与干扰

当无线电接收机的输入端没有信号输入时，输出端往往仍有杂乱无规则的电压输出，这种无规则的电压就是噪声与干扰。如收音机在无信号状态下扬声器仍有"沙沙"的噪声出现，电视机在无信号状态下屏幕会出现浓密的噪声点，如图 2-52 所示。

图 2-52　电视机无信号状态下的屏幕噪声

天线接收进来的有用信号通常非常微弱，如果噪声与干扰电压的幅度可以和有用信号的幅度相近，那么接收机输出端的有用信号分量和噪声干扰分量就难以分辨，妨碍了对有用信号的观察与测量。因此，噪声与干扰成为高灵敏度无线电接收机不容忽视的问题。

2.7.1　噪声的来源与性质

用示波器观察到的放大电路输出端的噪声电压波形如图 2-53 所示，这是一个非周期性、没有一定规律的随机电压。这些噪声电压的主要来源是电阻的热噪声及晶体管的噪声。

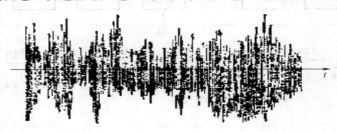

图 2-53　噪声电压波形

1. 电阻的热噪声

任何电阻（导体）即使不与电源接通，它的两端仍有微小电压存在，这是由于导体中的自由电子随机热运动引起的。这是因为，某一瞬间向一个方向运动的电子数有可能比向另一个方向运动的电子数多。也就是说，在任何时刻通过导体每个截面的电子数目的代数和是不等于零的。这一电流流过电路就会产生一个正比于电路电阻的电压，称其为热噪声电压。

热噪声电压是一个非周期性变化的电压，它的频率是宽广的，所以宽频带放大器受噪声的影响比窄频带的大。

由于无线电接收电路各处都存在着电阻，因此电路到处都会产生热噪声。无线电接收电路输入端的电阻对输出端的噪声起着主要的作用，因为它的噪声将被后续电路放大。因此，当接收电路频带较宽时，要求它的输入电阻低一些。

2. 晶体管的噪声

当有电流流过晶体管时，也会产生噪声。晶体管的噪声来源主要有以下四种：

（1）热噪声　是载流子不规则的热运动通过晶体管内部体电阻时产生的。

（2）散弹噪声　由于通过发射结发射到基区的载流子数目在各个瞬间都不相同，因而引起发射极电流或集电极电流有一个无规则的波动，产生散弹（粒）噪声。

（3）分配噪声　由发射区注入到基区的少数载流子，一部分到达集电极，一部分在基区复合。由于复合作用存在起伏，使集电极电流产生起伏，从而产生分配噪声。

（4）$1/f$ 噪声　频率越低这种噪声越大，它正比于 $1/f$，称为 $1/f$ 噪声。

对于场效应晶体管，由于内部不存在载流子的发射、扩散与复合过程，它的噪声主要来源于沟道电阻的热噪声，所以场效应晶体管的噪声一般比晶体管的小。

2.7.2　信噪比与噪声系数

1. 信噪比

离开信号电压的大小来谈论噪声电压的大小是没有意义的。噪声对放大电路的影响程度如何，通常用信噪比来表示。信噪比的定义为

$$信噪比 = \frac{信号功率\ P_{S}}{噪声功率\ P_{N}} \tag{2-28}$$

信噪比越大，表示信号不会被噪声所淹没，噪声对信号的影响程度就越小。

2. 信噪比灵敏度

（1）灵敏度　灵敏度是指接收微弱信号的能力，就是当接收机的输出功率达到规定的标准功率时，在输入端所需要的最小信号强度或场强。此数字越小，则接收机的灵敏度越高。

（2）绝对灵敏度　当接收机所有控制装置均设置在最大位置时，为了在接收机输出端获得规定的标准功率，在输入端（天线端）所需要的最小信号强度或场强。绝对灵敏度没有考虑信噪比。

（3）信噪比灵敏度（噪限灵敏度）　当规定的输出信噪比为某一定值时，为了在接收机输出端获得规定的标准功率，在输入端所需的最小信号强度或场强。

3. 噪声系数

由于噪声大部分可能是放大电路内部产生的，而上述定义的信噪比不能反映放大电路内部产生噪声的情况，因此反映放大电路内部产生噪声情况的指标用噪声系数 N_{F} 来表示。它的定义为

$$N_{F} = \frac{输入端信噪比}{输出端信噪比} = \frac{P_{SI}/P_{NI}}{P_{SO}/P_{NO}} \tag{2-29}$$

式中，P_{SI} 和 P_{SO} 分别表示放大电路输入端和输出端的信号功率；P_{NI} 和 P_{NO} 分别表示放大电路输入端和输出端的噪声功率。放大电路不仅将输入端的噪声进行放大，而且放大电路本身也产生噪声，因此，其输出端的信噪比必然小于输入端的信噪比，即 $N_{F} > 1$。若 $N_{F} = 1$，则表示放大电路本身不产生噪声，这是理想情况。噪声系数 N_{F} 也可用分贝（dB）表示：

$$N_{F} = 10\lg\frac{P_{SI}/P_{NI}}{P_{SO}/P_{NO}} \tag{2-30}$$

一个无噪声的放大电路的噪声系数是 0dB，一个低噪声的放大电路其噪声系数应小于 3dB。

4. 减小噪声的措施

（1）选用低噪声元器件　在放大电路中，元器件的内部噪声是主要的，因此对于低噪声放大电路，必须选用低噪声元器件。一般线绕电阻和金属膜电阻的热噪声小一些，低阻值

电阻的噪声比高阻值电阻的小一些，场效应晶体管的内部噪声比晶体管的小一些，集成电路也有高低噪声之分。

（2）选用合适的放大电路　对于多级放大电路，第一级的噪声对输出端的噪声起着决定性的作用，因为第一级的噪声将被逐级放大，故第一级应设计成低噪声放大。例如，第一级采用场效应晶体管作为放大元件。对于多级放大电路中的末级放大，噪声问题可不必考虑。

（3）加滤波环节　由于有用信号往往是一个具有一定频率范围的信号，故可以在电路中加入滤波环节，以滤除信号频率范围以外的噪声。

2.7.3　无线电电路中的干扰

1. 杂散磁场干扰及抑制措施

电路工作环境中一般有许多电磁干扰源，通常包括高压电网、机电设备、电台及自然界的雷电现象等，它所产生的电磁波和尖峰脉冲，可通过电容（电场）耦合和电感（磁场）耦合，或交流电源线等进入放大电路。对于一个高增益放大电路来说，只要第一级稍有一点微弱的干扰电压，经过各级放大，放大电路的输出端就会有一个较大的干扰电压。

对于杂散磁场干扰，可采取下列措施：

（1）合理布局　从放大电路的结构布线来说，电源变压器要尽量远离第一级输入电路。在安装变压器时要选择合适的位置，使之不易对放大电路产生干扰。

此外，放大电路的布线要合理，输入线与输出线及交流电源线不要平行布线，输入线越长，越易受干扰。

（2）屏蔽　为了减小外界干扰，可采取屏蔽措施。屏蔽有静电屏蔽和磁场屏蔽两种。静电屏蔽罩一般可用铜、铝等金属薄板材料制成，它可以将干扰源或受干扰的元件屏蔽起来，并将它们妥善接地。如第一级的输入线采用具有金属套的屏蔽线，屏蔽线的外套要接地。当抗干扰要求较高时，可把放大电路的前级或整个放大电路都屏蔽起来。静电屏蔽采用电导率高的材料，其原理是屏蔽罩接地后，干扰电流经屏蔽罩外层短路到地。磁屏蔽采用高磁导率的磁性材料，如坡莫合金或铁等。

2. 电源内阻引起的干扰及消除办法

以两级阻容耦合放大电路为例，电源内阻引起的干扰如图 2-54 所示。任何电源总有一定的内阻，当在输入端加交流信号后，信号经两级放大，两管的集电极信号电流均流经电源，于是在电源内阻上产生交流信号电压，也就是直流电源 U_{CC} 中含有交流信号电压，此交流信号电压经 R_{b1} 和 R_{b2} 分别回送到 VT_1 和 VT_2 的基极。这称为寄生反馈，很可能产生干扰。

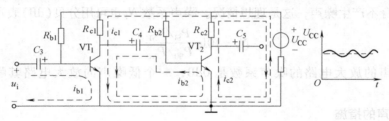

图 2-54　电源内阻引起的干扰

由于 VT_2 管的信号电流 i_{c2} 远大于 VT_1 管的信号电流 i_{c1}，所以电源内阻上的信号电压主要是 i_{c2} 产生的电压。此信号电压经 R_{b2} 送到 VT_2 的基极，将削弱 VT_2 基极信号电流，这对放大电路的稳定性没有什么影响；此信号电压经 R_{b1} 回送到 VT_1 基极，将增大 VT_1 基极信号电流，这将引起放大电路不稳定，可能导致自激振荡。

为了消除因电源内阻引起的干扰，除了尽量减小电源内阻外，通常是在电路中增加 RC 退耦元件，如图 2-55 所示。图中 C_2 是电源滤波电容，由于 C_2 对信号近似于短路，所以接入 C_2 后，VT_2 管的信号电流都从 C_2 流过，不再从电源内阻流过。C_1 是退耦电容，接入 C_1 后，使 VT_1 管信号电流从 C_1 流过。R 是退耦电阻，它将 VT_1 和 VT_2 两级信号通路彼此分隔。R 阻值越大，这种彼此分隔效果越好，但此时 R 两端的直流压降也大，损耗也大，因此 R 通常取值为几十欧。

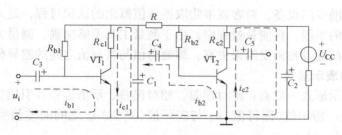

图 2-55　增加 RC 退耦元件消除干扰

3. 接地点不正确引起的干扰及消除办法

在多级放大电路中，如果印制板电路接地点安排不当，就会造成严重干扰。接地点不正确如图 2-56 所示，由于电源和滤波电容 C 接在第一级一侧的地线上，使得各级交流信号电流 i_{c1}、$\cdots$、i_{cn} 都要由后级地线向前级地线流动，因此当地线信号电流流过 A、B 点时，由于 A、B 两点之间的导线上总有一点电阻，虽然这个电阻小到可忽略不计，但

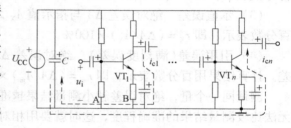

图 2-56　接地点不正确

后级信号电流很大，A、B 两点间这段导线电阻上产生的压降仍不可忽视。又因为 A、B 两点间的信号压降作用到 VT_1 的输入回路，于是极可能引起干扰。

如果将电源与滤波电容 C 的接地点改到后级放大电路一侧，如图 2-57 所示，这样各级电流 i_{c1}、$\cdots$、i_{cn} 都由前级地线向后级地线流动。由于前级属于小信号放大，后级属于大信号放大，因此小信号一般难以通过地线电阻影响大信号。

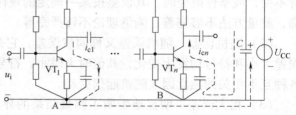

图 2-57　接地点正确

此外，还将 VT_1 等各级输入回路的所有元器件分别集中在 A、B 等点接地，目的也是为了避免杂散的地线电流在输入回路中产生干扰。

复习思考题

2.7.1 放大电路中的噪声是怎样产生的？如何实现低噪声放大？

2.7.2 收音机收不到电台时，扬声器会出现"沙沙"声，这是为什么？电视信号中断时，电视机屏幕会出现浓密的黑白雪花点，这是为什么？

2.7.3 放大电路中的许多退耦 RC 元件的作用是什么？

2.8 无线电测量技术与设备

2.8.1 测量误差

测量是人们借助专门设备，对客观事物取得数值概念的认识过程，是人们定量地认识客观事物的十分重要的手段。在测量过程中，由于测量工具不够准确，测量方法不够完善以及其他因素的影响，就会导致测量结果失真，即测得值与其真值之间的差异称为误差。

1. 测量误差的表示形式

测量误差的表示形式一般有：绝对误差、相对误差、示值误差及引用误差。

（1）绝对误差 指示值（测得值）A_X 与实际值（真值）A_0 之间的差值称为绝对误差。用 ΔA 表示，即 $\Delta A = A_X - A_0$。

（2）相对误差 绝对误差 ΔA 与实际值 A_0 之比称为相对误差，用 r 表示，计算结果用百分数表示，即 $r = (\Delta A / A_0) \times 100\%$。

（3）示值误差 绝对误差 ΔA 与指示值 A_X 之比称为示值误差，用 r_X 表示，计算结果用百分数表示，即 $r_X = (\Delta A / A_X) \times 100\%$。

（4）引用误差（满刻度误差） 绝对误差 ΔA 与仪表量程的上限值 A_m 之比称为引用误差。计算结果用百分数表示，即 $r_m = (\Delta A / A_m) \times 100\%$。

测量同一个量，绝对误差越小测量结果越准确；如果测量大小不同的量，用绝对误差就无法比较测量结果的准确程度，这时就要用相对误差表示。

2. 测量误差分类与原因

根据误差性质的不同，测量误差一般分为三类，每一类误差产生的原因各不相同。

（1）系统误差 系统误差是指在同一条件下多次测量同一量时，误差大小和符号均保持不变，或条件改变时，其误差按某一确定的规律而变化的误差。原因有：测量仪表不够准确，测量方法不够完善，测量理论不够严密等。

（2）随机误差 随机误差又称偶然误差，它是指在同一条件下多次重复测量同一量时，误差大小和符号均发生变化，其值时大时小，符号时正时负，没有确定的变化规律。原因是各种互不相关的独立因素随机起伏变动。

（3）粗大误差 明显地歪曲了测量结果的异常误差称为粗大误差。原因是由于操作者在测量过程中粗心、不正确地操作以及测量条件突变等引起。含有粗大误差的测量值应该剔除。

3. 测量误差数据处理方法

（1）有效数字概念 有效数字是指从数字左边第一个非零的数字开始，直到右边最后一个数字为止所包含的数字。如 0.0345MHz 有效数字为 3 位，30.05V 有效数字为 4 位。

（2）有效数字的正确表示　有效数字一般由两部分组成，前几位数字是准确可靠的，称为可靠数据，最后一位数字通常是在测量读数时估计出来的，称为欠准确数字。在有效数字中，应保留一位欠准确数字。

（3）有效数字的整理　如果只取 n 位有效数字，则第 $n+1$ 位及其以后的各位数字都应该舍去。目前广泛采用的"四舍六入五配偶"法则是：4 及 4 以下的数字舍去；6 及 6 以上的数字进入；当被舍的数字是 5 时，若 5 之后有数字，则可舍 5 进 1；当被舍的数字是 5 时，若 5 之后无数字或为零，而 5 之前为奇数，则舍 5 进 1，而 5 之前为偶数，则舍 5 不进位。

（4）有效数字的加减运算　运算前对各数据的处理应以精度最差的数据为标准，即各个数据的精度应处理成与精度最差的数据一样。

例 2-2　求 214.75、32.945、0.015、4.305 四项之和。

解：精度最差的数据是 214.75，其他 3 个数据的精度也应该处理成小数点后面只有 2 位。

$$214.75 \to 214.75$$
$$32.945 \to 32.94（5 之前为偶数,舍 5 不进位）$$
$$0.015 \to 0.02（5 之前为奇数,舍 5 进位）$$
$$+ \quad 4.305 \to 4.30（5 之前为偶数,舍 5 不进位）$$

$$252.01$$

（5）有效数字的乘除运算　运算前对各数据的处理应以有效数字最小的数据为标准，所得的积或商的有效数字位数应与有效数字位最小的那个数据相同。

例 2-3　求 $0.0121 \times 25.645 \times 1.05782$。

解：有效数字最小为 3 位，其他 2 个数据也应该处理成只有 3 位有效数字。

$25.645 \to 25.6$　　　　　$1.05782 \to 1.06$

$0.0121 \times 25.6 \times 1.06 = 0.3283456 = 0.328$

2.8.2　频率特性测试仪

频率特性一般是指幅频特性和相频特性。幅频特性是指放大电路的电压增益随频率变化的特性曲线；相频特性是指相位移随频率变化的特性曲线。多数情况下，测量电路的频率特性就是测量它的幅频特性，常用逐点分析法和图示法进行测量。

逐点分析法就是在放大电路的输入端逐一输入不同频率的等幅信号，然后逐一测出输出信号，将各点的测量值连成曲线，以此来描述放大电路的幅频特性。

图示法就是利用频率特性测试仪进行测量。频率特性测试仪简称扫频仪，它将电路的频率特性曲线直接显示在荧光屏上，既直观又便于对电路进行调整。

1. 扫频仪的结构与原理

扫频仪一般由扫描锯齿波发生器、扫频信号发生器、宽带放大器、频标信号发生器、X 轴放大、Y 轴放大、显示设备、面板键盘以及多路输出电源等部分组成。扫频仪的测量原理框图如图 2-58 所示，它通过示波管来显示被测电路的频率特性，因此必须在示波管的 X 轴偏转板加扫描电压，在 Y 轴偏转板加被测电路频率特性信号。

首先，通过电源变压器将 50Hz 市电降压后送入扫描锯齿波发生器，就形成了锯齿波，这个锯齿波一方面控制扫频振荡器，对扫频振荡信号进行调频，另一方面该锯齿波送到 X 轴偏转放大器放大后，去控制示波器 X 轴偏转板，使电子束产生水平扫描。

由于这个锯齿波同时控制电子束水平扫描和扫频振荡器，因此电子束在示波管荧光屏上的每一水平位置对应于某一瞬时频率，从左向右频率逐渐增高，并且是线性变化的。

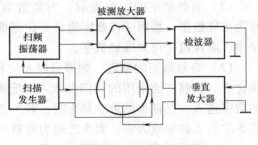

图 2-58 扫频仪的测量原理框图

扫频振荡器产生的等幅扫频信号送到被测电路，由被测电路输出。由于被测电路对于各频率的传输系数不同，所以经过被测电路后，不同频率信号的幅度也不同，信号幅度反映了被测电路的幅频特性。此幅度变化的调频波加入检波器，去除高频信号，保留反映被测电路幅频特性的幅度变化信号，然后经 Y 轴放大器放大后送示波管 Y 轴偏转板，于是荧光屏上显示出被测电路的频率特性曲线。

2. BT-3 型扫频仪面板介绍

BT-3 型扫频仪的面板如图 2-59 所示，下面介绍面板各旋钮、开关的使用方法。

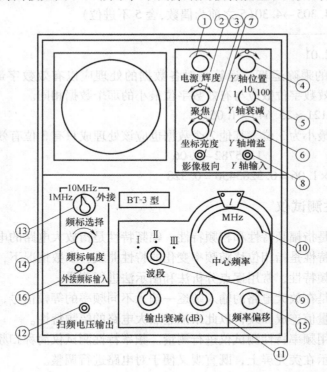

图 2-59 BT-3 型扫频仪的面板

① 电源、辉度旋钮：该控制装置是一只带开关的电位器，兼电源开关和辉度旋钮两种作用。顺时针旋动此旋钮，即可接通电源，继续顺时针旋动，荧光屏上显示的光点或图形亮度增加。使用时亮度宜适中。

② 聚焦旋钮：调节屏幕上光点细小圆亮或亮线清晰明亮，以保证显示波形的清晰度。

③ 坐标亮度旋钮：在屏幕的 4 个角上，装有 4 个带颜色的指示灯泡，使屏幕的坐标尺度线显示更清晰。旋钮从中间位置向顺时针方向旋动时，荧光屏上两个对角位置的黄灯亮，屏幕上出现黄色的坐标线；从中间位置逆时针方向旋动时，另两个对角位置的红灯亮，显示出红色的坐标线。黄色坐标线便于观察，红色坐标线利于摄影。

④ Y 轴位置旋钮：调节荧光屏上光点或图形在垂直方向上的位置。

⑤ Y 轴衰减开关：有 1、10、100 三个衰减档级。根据输入电压的大小选择适当的衰减档级。

⑥ Y 轴增益旋钮：调节显示在荧光屏上图形垂直方向幅度的大小。

⑦ 影像极向开关：用来改变屏幕上所显示的曲线波形正负极性。当开关在"＋"位置时，波形曲线向上方向变化(正极性波形)；当开关在"－"位置时，波形曲线向下方向变化(负极性波形)。当曲线波形需要正负方向同时显示时，只能将开关在"＋"和"－"位置往复变动，才能观察曲线波形的全貌。

⑧ Y 轴输入插座：由被测电路的输出端用电缆探头引接此插座，使输入信号经垂直放大器，便可显示出该信号的曲线波形。

⑨ 波段开关：输出的扫频信号按中心频率划分为三个波段(第 Ⅰ 波段 1～75MHz、第 Ⅱ 波段 75～150MHz、第 Ⅲ 波段 150～300MHz)，可以根据测试需要来选择波段。

⑩ 中心频率度盘：能连续地改变中心频率。度盘上所标定的中心频率不是十分准确的，一般是采用边调节度盘，边看频标移动的数值来确定中心频率位置。

⑪ 输出衰减(dB)开关：根据测试的需要，选择扫频信号的输出幅度大小。按开关的衰减量来划分，可分粗调、细调两种。粗调：0dB、10dB、20dB、30dB、40dB、50dB、60dB。细调：0dB、2dB、3dB、4dB、6dB、8dB、10dB。粗调和细调衰减的总衰减量为 70dB。

⑫ 扫频电压输出插座：扫频信号由此插座输出，可用 75Ω 匹配电缆探头或开路电缆来连接，引送到被测电路的输入端，以便进行测试。

⑬ 频标选择开关：有 1MHz、10MHz 和外接三档。当开关置于 1MHz 档时，扫描线上显示 1MHz 的菱形频标；置于 10MHz 档时，扫描线上显示 10MHz 的菱形频标；置于外接时，扫描线上显示外接信号频率的频标。

⑭ 频标幅度旋钮：调节频标幅度大小。一般幅度不宜太大，以观察清楚为准。

⑮ 频率偏移旋钮：调节扫频信号的频率偏移宽度。在测试时可以调整适合被测电路的通频带宽度所需的频偏，顺时针方向旋动时，频偏增宽，最大可达 7.5MHz 以上，反之则频偏变窄，最小在 0.5MHz 以下。

⑯ 外接频标输入接线柱：当频标选择开关置于外接频标档时，外来的标准信号发生器的信号由此接线柱引入，这时在扫描线上显示外频标信号的标记。

3. BT-3 型扫频仪的电缆探头选择

BT-3 型扫频仪配有检波输入、开路输入、匹配输出和开路输出四根测量用电缆探头。电缆线的阻抗为 75Ω，它们的一端都有插头，接到扫频仪的"Y 轴输入"或"扫频电压输出"插座上，如图 2-60 所示。

(1) 输入电缆探头的选择　当被测网络的输出端有检波器时(如电视接收机的图像中放)，应选用开路输入电缆探头。若被测网络的输出端不带检波器(如电视接收机的视放级），必须使用带检波探头的输入电缆。

（2）输出电缆探头的选择　被测网络的输入阻抗为 75Ω，应选用开路输出电缆探头；被测网络的输入阻抗为高阻抗，则应选用匹配输出电缆探头。否则，由于不匹配，将使扫频仪的输出减小，并带来误差。

4. BT-3 型扫频仪测试前的检查

（1）测试准备　仪器接通电源，预热 10min 后，调好辉度和聚焦。

（2）频标的检查　将频标选择开关置于 1MHz 或 10MHz 档。扫描基线上应呈现若干个菱形频标信号，调节频标幅度旋钮，可以均匀地改变频标的大小。

（3）频偏的检查　将频率偏移旋钮由最小旋到最大时，荧光屏上呈现的频标数，应满足 ±（0.5 ~ 7.5）MHz 连续可调。

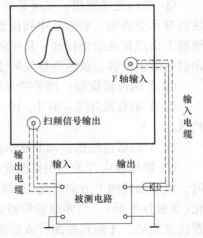

图 2-60　BT-3 型扫频仪测试连接图

（4）输出扫频信号频率范围的检查　仪器的扫频信号频率覆盖范围（中心频率覆盖范围），应达到 1 ~ 300MHz，三个波段的衔接应有适当余量。检查时将仪器输入端接入检波输出电缆，仪器输出端接上 75Ω 匹配电缆，直接连接这两根电缆探头，Y 轴增益调整得当，屏幕上即显示出理想的矩形曲线（由于等幅的扫频信号经检波后的输出为一直流电压，因此在屏幕上显示出一个矩形曲线）。这时，将频标增益放在适当位置，频标选择放在 10MHz 处，在各个波段上转动中心频率度盘，屏幕上显示的矩形曲线会出现一个凹陷点。这个凹陷点就是扫频信号的零频率点（这是由于示波器的垂直放大器在零频率点增益明显下降造成的）。以此为起点检查第 I 波段的频率范围；然后再顺次检查第 II 波段和第 III 波段的频率范围。检查时，用 10MHz 的频标，当每个波段在转动中心频率度盘时，其频标通过屏面中心线的个数应达到以下要求：第 I 波段频标为 8 个，频率范围为 1 ~ 75MHz；第 II 波段频标为 9 个，频率范围为 75 ~ 150MHz；第 III 波段频标为 15 个，频率范围为 150 ~ 300MHz。

2.8.3　频谱分析仪

频谱分析仪（Spectrum Analyzer）是研究电信号频谱结构的仪器，以图形方式显示信号幅度按频率的分布，即 X 轴表示频率，Y 轴表示信号幅度。

频谱分析仪用于信号失真度、调制度、谱纯度、频率稳定度和交调失真等信号参数的测量，可以测量放大器和滤波器等电路系统的某些参数，是一种多用途的电子测量仪器。它又可称为频域示波器、跟踪示波器、分析示波器、谐波分析器、频率特性分析仪或傅里叶分析仪等。频谱分析仪外形如图 2-61 所示。

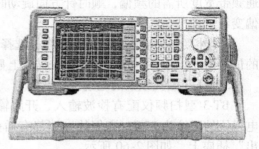

图 2-61　频谱分析仪外形

频谱分析仪按工作原理分为两种类型，扫频式频谱分析仪和实时式频谱分析仪。

1. 扫频式频谱分析仪

扫频式频谱分析仪属于传统频谱分析仪，是一种具有显示装置的扫频超外差接收机，主要用于连续信号和周期信号的频谱分析。它工作于声频直至亚毫米波频段，只显示信号的幅度而不显示信号的相位。

扫频式频谱分析仪的组成如图 2-62 所示。它的工作原理是：本机振荡器采用扫频振荡器，扫频信号与被测信号中的各个频率分量在混频器内依次进行差频变换，所产生的中频信号经过中频放大和检波，加到视频放大器作示波管的垂直偏转信号，使屏幕上的垂直显示正比于各频率分量的幅值。本地振荡器的扫频由锯齿波扫描发生器所产生的锯齿电压控制，锯齿波电压同时还用作示波管的水平扫描，从而使屏幕上的水平显示正比于频率。

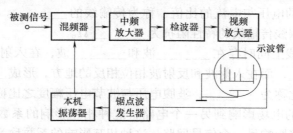

图 2-62　扫频式频谱分析仪的组成

超外差频谱分析仪无法分析瞬时信号或脉冲信号的频谱，其主要应用在分析周期性信号及其他随机信号的频谱。

2. 实时式频谱分析仪

实时式频谱分析仪是在存在被测信号的有限时间内提取信号的全部频谱信息进行分析并显示其结果的仪器，主要用于非重复性且持续时间很短（如爆炸）的信号分析，也能分析40MHz 以下的低频和极低频连续信号，能显示幅度和相位。

实时式频谱分析仪基于快速傅里叶变换，属于现代频谱分析仪。被分析的模拟信号先变换成数字信号后，加到数字滤波器进行傅里叶分析，被测信号被分解成独立的频率分量，进而达到与传统频谱分析仪同样的结果。

复习思考题

2.8.1　什么是绝对误差、相对误差、示值误差、引用误差？

2.8.2　什么是系统误差、随机误差、粗大误差？

2.8.3　简述扫频仪中的扫频原理。

2.8.4　扫频式频谱分析仪和实时式频谱分析仪有何不同？

习　题

1. 分析信号强度随时间的变化规律称为_____，分析信号是由哪些频率的正弦波合成称为_____。频域分析通常用于分析复杂的非正弦波信号，数学工具是_____。分析仪器是_____。

2. 已知桥式整流电路输出波形的傅里叶级数为

$$f(t) = \frac{4U_{\mathrm{m}}}{\pi}\left(\frac{1}{2} - \frac{1}{3}\cos 2\omega t - \frac{1}{15}\cos 4\omega t - \frac{1}{35}\cos 6\omega t \cdots \right)$$

请画出相应的频谱图。

3. 在电感线圈中，正弦波电压与电流的相位关系是_____；在电容中，正弦波电压与电流的相位关系是_____。发生 LC 谐振的条件是_____，谐振频率计算公式是_____。当发生 LC 串联谐振时，LC 串联回路的阻抗为最_____；当发生并联谐振时，LC 并联回路的阻抗为最_____。

4. 传输线分为长线和短线，对于 1m 长度的传输线，若传输 1GHz 的微波信号，则该传输线应视为_____，若传输 1000Hz 的音频信号，则该传输线应视为_____。

5. 电路可分为分布参数电路和集中参数电路，_____电路通常均为集中参数电路，当信号频率提高到其_____和电路的几何尺寸可相比拟时，这种电路称为_____电路。

6. 传输线上各处的电压与电流的比值，称为传输线的_____。同轴电缆的特性阻抗为_____ Ω，平行双线传输线的特性阻抗为_____ Ω。

7. 不匹配使传输线上同时存在_____波和_____波，在入射波和反射波相位相同的地方，形成_____，而在入射波和反射波相位相反的地方，形成_____。反射波电压和入射波电压幅度之比称为_____，波腹电压与波节电压幅度之比称为_____。

8. 一个电路产生的电场影响到另一个电路，这种相互影响的系数称为_____；一个信号回路的磁场变化将影响另一个信号回路，这种相互影响的系数称为_____。相邻导体走线间距越_____、越_____，互感与互容越大。

9. 对于图 2-36 所示的单调谐放大电路，已知 $L = 560\mu H$，若要求谐振频率为 $f_0 = 465kHz$，求谐振电容 C。

10. 锁相电路是一个_____电路，它是一个闭合的_____，又称锁相环（PLL）电路。锁相电路由_____、_____和_____组成。

11. 当振荡信号频率与基准信号频率不相等时，锁相电路能捕捉的最大频率失谐范围，称为_____；在环路已经锁定的状态下，环路能保持锁定的最大频率失谐范围，称为_____。

12. 低通滤波器的 RC 时间常数选择十分重要。RC 时间常数越大，则锁相电路的_____就越强。但是，如果 RC 时间常数过大，则锁相的速度_____。

13. 频率合成器如图 2-63 所示，$N = 760 \sim 960$，试求输出频率范围及频率间隔。

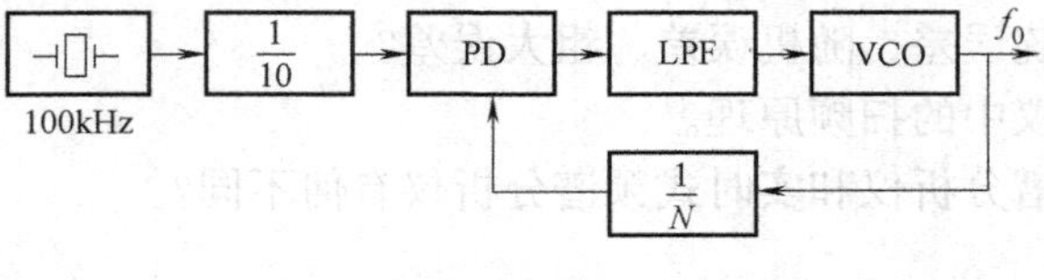

图 2-63　频率合成器

14. 锁相电路只能消除_____误差，但不能消除_____误差，此误差称为_____。为了减小此误差，振荡器的_____偏差要小，振荡器的_____灵敏性要高。

15. 四种晶体管的噪声来源是_____、_____、_____、_____。

16. 某放大电路输入信号功率为 $10\mu W$，输入噪声功率为 5pW，输出信号功率为 2mW，输出噪声功率为 $2.50\mu W$，试求放大电路的输入信噪比、输出信噪比及噪声系数。

17. 测量误差的表示形式有_____、_____、_____、_____。在同一条件下多次测量同一量时，误差大小和符号均保持不变，这种误差通常称为_____。在同一条件下多次重复测量同一量时，误差大小和符号均发生变化，其值时大时小，符号时正时负，没有确定的变化规律，这种误差称为_____。

18. 根据有效数字的加减运算法则，求 214.5、32.945、0.015、4.305 四项之和。

19. 根据有效数字的乘除运算法则，求 0.012×25.645×1.05782。

20. 频率特性一般指幅频特性和相频特性。幅频特性是指电路的_____随频率而变化的特性曲线；相频特性是指_____随频率变化的特性曲线。

21. 测量电路的频率特性常用_____和_____进行测量。

第 3 章 调幅、变频技术及应用

在调制技术中，若用调制信号去控制高频载波的振幅，使载波的振幅随调制信号的大小而变化，则这种调制称为幅度调制，简称为调幅，简写为 AM。调幅技术应用十分广泛，我国中波广播和短波广播都属于调幅广播。在调幅信号的超外差接收过程中，变频技术是关键。

3.1 调幅信号分析

3.1.1 普通调幅波

第 1 章已经提到，调幅就是用低频信号去控制高频载波的振幅，使高频载波的振幅按照调制信号的变化规律而变化。设调制信号 $u_\Omega(t)$ 和载波信号 $u_c(t)$ 分别为

$$u_\Omega(t) = U_{\Omega m} \cos \Omega t \tag{3-1}$$

$$u_c(t) = U_{cm} \cos \omega_c t \tag{3-2}$$

则调幅波表达式可写为

$$u_{AM}(t) = U_m(t) \cos \omega_c t = U_{cm}(1 + m_a \cos \Omega t) \cos \omega_c t \tag{3-3}$$

1. 普通调幅波的波形

调制信号、载波及调幅波的波形如图 3-1 所示。

式(3-3)中，m_a 称为调幅系数，表示载波振幅受调制信号控制的程度。在正常情况下，$m_a \leqslant 1$。若 $m_a > 1$，则称为过调幅，就要引起调幅失真。从图3-1可知，调幅波波形的包络与调制信号的形状完全相同，它反映了调制信号的变化规律。也就是说，已调波的振幅已加载了调制信号。

2. 普通调幅波的频谱

利用三角函数关系，将式(3-3)展开得

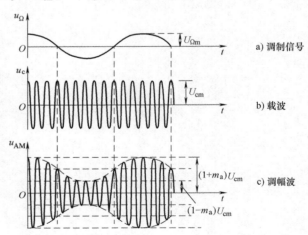

图 3-1 调制信号、载波及调幅波的波形

$$u_{AM}(t) = U_{cm}(1 + m_a \cos \Omega t) \cos \omega_c t$$

$$= U_{cm} \cos \omega_c t + \frac{1}{2} m_a U_{cm} \cos(\omega_c + \Omega) t + \frac{1}{2} m_a U_{cm} \cos(\omega_c - \Omega) t \tag{3-4}$$

从式中可知，调幅波由三个频率分量组成：第一个是载波分量 ω_c；第二个是载波频率

与调制信号频率之和 $\omega_c + \Omega$，称为上边频；第三个是载波频率与调制信号频率之差 $\omega_c - \Omega$，称为下边频。如果将这些频率分量画在频率轴上，就构成单频调幅频谱，如图 3-2 所示。

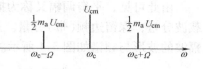

图 3-2　单频调幅频谱

从频谱图可知，上、下边频以载频 ω_c 为中心对称分布，载频的振幅为 U_{cm}，上下边频的振幅为 $m_a U_{cm}/2$。通过调幅处理，调制信号的频谱搬到了载频的两侧。若 $\Omega = 2\pi F$（F 为调制信号的频率），$\omega_c = 2\pi f_c$（f_c 为载波信号的频率），则调幅波的带宽为

$$BW = (f_c + F) - (f_c - F) = 2F \tag{3-5}$$

3.1.2　多频率调幅与平衡调幅

1. 多频率调幅

在实际中，调制信号不会是单一频率的正弦波，而是一个复杂的非正弦波，如图 3-3a 所示。由于复杂波形本身就是一个多频率的信号，因此调幅后产生的上边频或下边频不再是一个频率对称出现，而是许多个频率对称出现，称为上、下边带，如图 3-3b 所示。此时调幅波的带宽为

$$BW = (f_c + F_{max}) - (f_c - F_{max}) = 2F_{max} \tag{3-6}$$

式中，F_{max} 为调制信号的最高频率，$\Omega_{max} = 2\pi F_{max}$；$f_c$ 为载波频率，$\omega_c = 2\pi f_c$。调幅波带宽是调制信号最高频率的两倍。如普通调幅广播，调制信号为音频信号，最高音频信号频率取 4.5kHz，则调幅后的广播信号带宽为 9kHz。

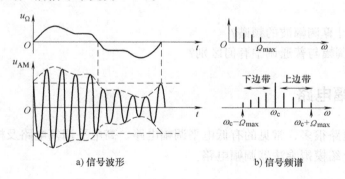

a) 信号波形　　　　b) 信号频谱

图 3-3　非正弦波调制的调幅波波形及频谱

2. 平衡调幅

平衡调幅又称为抑制载波双边带调幅（Double Side Band），用 DSB 表示，即调幅波中仅含上下两个边频（带）分量，不含载频分量。彩色电视系统中的色差信号、调频立体声广播中的副信道信号均采用平衡调幅方式。

如果将式（3-4）普通调幅波表达式中的载频分量滤除，而仅保留两个边频分量，则可获得单频调制的平衡调幅波表达式为

$$u_{DSB}(t) = \frac{1}{2}m_a U_{cm}\cos(\omega_c + \Omega)t + \frac{1}{2}m_a U_{cm}\cos(\omega_c - \Omega)t$$

$$= m_a U_{cm}\cos\omega_c t\cos\Omega t \tag{3-7}$$

由此可见，平衡调幅又称为抑载调幅。即平衡调幅的实质就是在普通调幅的基础上滤除载波分量，保留边频（带）分量。平衡调幅的过程就是将调制信号与载波信号相乘。平衡调幅波的波形与频谱如图3-4所示。

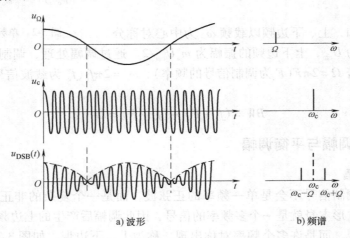

a) 波形　　　　　　　　　　　b) 频谱

图3-4　平衡调幅波的波形与频谱

由图3-4可知，平衡调幅波的振幅与载波幅度无关，其包络线不再反映调制信号的形状，这给平衡调幅波的解调带来了麻烦。由于平衡调幅波滤除了普通调幅波中的幅度最大的载波分量，因此大大节省了发射功率，这是平衡调幅的优点。由于保留了上下两个边带，因此平衡调幅波的信号带宽与普通调幅波的相同。

复习思考题

3.1.1　怎样计算调幅波的频谱？

3.1.2　平衡调幅与普通调幅有何区别？

3.2　常用调幅电路

实现调幅的电路很多，常见的有低电平调幅电路、高电平调幅电路及模拟乘法器调幅电路等。本节主要介绍模拟乘法器调幅电路。

3.2.1　模拟乘法器

1. 双差分模拟乘法器

模拟乘法器的用途十分广泛，利用模拟乘法器可实现调幅、检波、混频、鉴相、鉴频及增益控制等功能。

实现模拟相乘的方法很多，其中双差分模拟乘法器应用又最为广泛。双差分模拟乘法器的原理性电路如图3-5所示，由VT_1和VT_2与VT_3和VT_4组成两对差分放大电路，作为上述两对差分放大电路恒流源的VT_5和VT_6，又组成一对差分放大电路。该电路有两个输入信号u_1和u_2，输出信号为两个输入信号的乘积，即$u_o = Ku_1u_2$，其中K是与电路参数有关的常数。

根据模拟电路知识，晶体管输入电阻$r_{be} = 300\Omega + (1+\beta)\dfrac{U_T}{I_{EQ}} \approx \beta\dfrac{U_T}{I_{EQ}}(U_T = 26\mathrm{mV})$。对于

图 3-5 电路中的各管输入电阻，有 $r_{be1} \approx 2\beta_1 \dfrac{U_T}{i_5}$，$r_{be2} \approx 2\beta_2 \dfrac{U_T}{i_5}$，$r_{be3} \approx 2\beta_3 \dfrac{U_T}{i_6}$，$r_{be4} \approx 2\beta_4 \dfrac{U_T}{i_6}$，$r_{be5} \approx 2\beta_5 \dfrac{U_T}{I_o}$ 及 $r_{be6} \approx 2\beta_6 \dfrac{U_T}{I_o}$。各管的电流为发射极电流与输入信号产生的电流之和，于是有

$$i_1 = \frac{i_5}{2} + \beta_1 \frac{u_1}{2r_{be1}} = \frac{i_5}{2}\left(1 + \frac{u_1}{2U_T}\right)$$

$$i_2 = \frac{i_5}{2} - \beta_2 \frac{u_1}{2r_{be2}} = \frac{i_5}{2}\left(1 - \frac{u_1}{2U_T}\right)$$

$$i_3 = \frac{i_6}{2} - \beta_3 \frac{u_1}{2r_{be3}} = \frac{i_6}{2}\left(1 - \frac{u_1}{2U_T}\right)$$

$$i_4 = \frac{i_6}{2} + \beta_4 \frac{u_1}{2r_{be4}} = \frac{i_6}{2}\left(1 + \frac{u_1}{2U_T}\right)$$

$$i_5 = \frac{I_o}{2} + \beta_5 \frac{u_1}{2r_{be5}} = \frac{I_o}{2}\left(1 + \frac{u_2}{2U_T}\right)$$

$$i_6 = \frac{I_o}{2} - \beta_6 \frac{u_1}{2r_{be6}} = \frac{I_o}{2}\left(1 - \frac{u_2}{2U_T}\right)$$

$$u_o = \left[(i_1 + i_3) - (i_2 + i_4)\right]R_c = (i_5 - i_6)\frac{u_1}{2U_T}R_c = \frac{I_o R_c}{4U_T^2}u_1 u_2 = K u_1 u_2 \tag{3-8}$$

式中，$K = \dfrac{I_o R_c}{4U_T^2}$。由式(3-8)可知，双差分电路输出信号 u_o 为两个输入信号 u_1 和 u_2 的乘积。

2. 集成模拟乘法器 MC1496

MC1496 是美国 Motorola 公司生产的单片集成模拟乘法器，其国产对应型号为 F1496，MC1496 内部电路如图 3-6 所示。⑧和⑩脚为第一输入端，①和④脚为第二输入端，⑥和⑫脚为输出端，负载电阻采用外接。在②和③脚之间接一个电阻可展宽第二输入信号的动态范围。VT_7 和 VT_8 为恒流源晶体管，电流大小由⑤脚外接电阻决定。

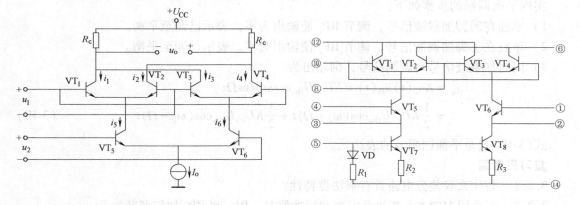

图 3-5　双差分模拟乘法器的原理性电路　　　　图 3-6　MC1496 内部电路

3.2.2　模拟乘法器调幅电路

模拟乘法器调幅电路如图 3-7 所示。图中，MC1496 为集成模拟乘法器，调制信号 u_Ω 从

芯片的①脚输入，载波信号 u_c 从⑩脚输入，调幅信号从⑥脚输出。在①和④脚之间接 RP_1，是为了灵活调节①和④脚之间的直流电压 U_{AB}。

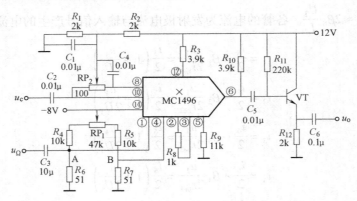

图 3-7　模拟乘法器调幅电路

1. 实现普通调幅

实现普通调幅的步骤如下：

1）单独在①脚加低频调制信号，调节 RP_2 使输出为零，表示已调至平衡。

2）由式（3-4）可知，只要在调制信号 u_Ω 上附加直流电压后，再与载波信号直接相乘，就可获得调幅信号。因此，调节 RP_1 使 $U_{AB} \neq 0$，就相当于给 u_Ω 信号附加了一个直流电压 U_{AB}。此时，输出电压为

$$u_o = Ku_c(t)[U_{AB} + u_\Omega(t)] = KU_{cm}\cos\omega_c t(U_{AB} + U_{\Omega m}\cos\Omega t)$$
$$= KU_{AB}U_{cm}(1 + m_a\cos\Omega t)\cos\omega_c t \qquad (3-9)$$

式中，$m_a = U_{\Omega m}/U_{AB}$ 为调幅系数。改变直流电压 U_{AB} 的大小可改变调幅系数。但 U_{AB} 不能小于 $U_{\Omega m}$，否则会产生过调幅现象。

2. 实现平衡调幅

实现平衡调幅的步骤如下：

1）单独在⑩脚加载波信号，调节 RP_1 使输出为零，表示已调至平衡。

2）单独在①脚加调制信号，调节 RP_2 使输出为零，表示已调至平衡。

3）同时加载波信号与调制信号，则输出为

$$u_o = Ku_c(t)u_\Omega(t) = KU_{cm}U_{\Omega m}\cos\omega_c t\cos\Omega t$$
$$= \frac{1}{2}KU_{cm}U_{\Omega m}\cos(\omega_c + \Omega)t + \frac{1}{2}KU_{cm}U_{\Omega m}\cos(\omega_c - \Omega)t \qquad (3-10)$$

式（3-10）就是平衡调幅波的表达式。

复习思考题

3.2.1　为什么双差分电路具有乘法器特性？

3.2.2　当采用 MC1496 芯片来实现调幅功能时，RP_1 和 RP_2 如何调节？

3.3　常用检波电路

检波是调幅的逆过程，就是从高频调幅波中检出低频调制信号。常用的检波电路有二极

管包络检波和模拟乘法器检波。

3.3.1　二极管包络检波电路

1. 电路组成与工作原理

二极管包络检波电路如图 3-8 所示。其中，VD 为检波二极管，R 和 C 为滤波元件，C_1 为低频信号耦合电容。利用二极管的单向导电性，普通调幅波的负半周信号被阻断；正半周信号经 R 和 C 滤波后，获得含直流分量的原低频调制信号；再利用 C_1 阻断直流，即可取出原低频调制信号输出。

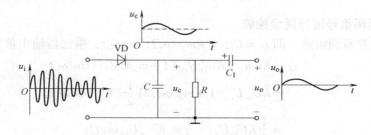

图 3-8　二极管包络检波电路

2. RC 滤波时间常数的选择

在二极管包络检波电路中，对 RC 滤波时间常数的选择十分重要。RC 时间常数太小，则残余高频分量不能被滤除；RC 时间常数太大，则电容放电太慢，电容放电跟不上调幅波包络信号的变化，使输出的低频信号产生失真。RC 时间常数对滤波的影响如图 3-9 所示。

3.3.2　模拟乘法器检波电路

由于平衡调幅信号的包络并不代表原调制信号，因而不能采用简单的包络检波，而必须采用同步检波。同步检波电路框图如图 3-10 所示，它由一个模拟乘法器与低通滤波器组成。

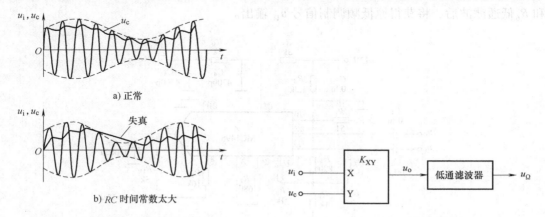

a) 正常

b) RC 时间常数太大

图 3-9　RC 时间常数对滤波的影响　　　　　图 3-10　同步检波电路框图

模拟乘法器的两路输入，一路是调幅（普通调幅或平衡调幅）信号 u_i，另一路是本地载波信号 $u_c = U_{cm}\cos\omega_c t$。本地载波信号必须与调幅信号中的载波同频同相，同步检波由此得名。

1. 对平衡调幅信号进行同步检波

设输入 u_i 为平衡调幅波，即 $u_i = U_{im} \cos\omega_c t \cos\Omega t$，则乘法器输出信号为

$$u_o = K u_i u_c = K U_{im} U_{cm} \cos^2\omega_c t \cos\Omega t$$

$$= \frac{1}{2} K U_{im} U_{cm} \cos\Omega t + \frac{1}{2} K U_{im} U_{cm} \cos\Omega t \cos2\omega_c t \tag{3-11}$$

式中，第一项是原低频(Ω)调制信号，第二项的频率($2\omega_c$)很高，是原载波频率的两倍，故称为二次谐波。当二次谐波被低通滤波器滤除后，同步检波器的输出为

$$u_\Omega = \frac{1}{2} K U_{im} U_{cm} \cos\Omega t \tag{3-12}$$

2. 对普通调幅信号进行同步检波

设输入 u_i 为普通调幅波，即 $u_i = U_{im}(1 + m_a \cos\Omega t)\cos\omega_c t$，乘法器输出信号为

$$u_o = K u_i u_c = K U_{im} U_{cm}(1 + m_a \cos\Omega t)\cos^2\omega_c t$$

$$= K U_{im} U_{cm}(1 + m_a \cos\Omega t)\frac{1}{2}(1 + \cos2\omega_c t)$$

$$= \frac{1}{2} K U_{im} U_{cm} + \frac{1}{2} m_a K U_{im} U_{cm} \cos\Omega t$$

$$+ \frac{1}{2} K U_{im} U_{cm} \cos2\omega_c t + \frac{1}{2} m_a K U_{im} U_{cm} \cos\Omega t \cos2\omega_c t \tag{3-13}$$

式中，第一项是直流分量，第二项是原低频(Ω)调制信号，第三、四项的频率($2\omega_c$)很高。后两项被低通滤波器滤除后，再利用电容阻断直流，同步检波器的输出为

$$u_\Omega = \frac{1}{2} m_a K U_{im} U_{cm} \cos\Omega t \tag{3-14}$$

3. 实际乘法器检波电路

由集成模拟乘法器 MC1496 构成的同步检波电路如图 3-11 所示。本地载波信号从⑧和⑩脚之间输入，调幅信号从①和④脚之间输入，同步检波后的信号从⑫脚输出，经 C_4、C_5 和 R_6 低通滤波后，将获得原低频调制信号 u_Ω 输出。

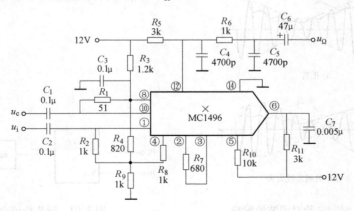

图 3-11　由 MC1496 构成的同步检波电路

复习思考题

3.3.1　在检波电路中，常采用 RC 元件来滤除残余载波分量，RC 滤波时间常数如何

选择？

　　3.3.2　在同步检波中，"同步"的含义是什么？

3.4　变频电路

　　变频是各种超外差接收机中的一项重要技术，是一种将已调信号的高频载波变换成中频载波的过程。例如：在中、短波收音机中，将高频调幅波变换成 465kHz 的中频调幅波；在调频收音机中，将高频调频波变换成 10.7MHz 的中频调频波；在电视接收机中，将高频调幅图像信号变换成 38MHz 的中频调幅图像信号等。

3.4.1　变频电路的组成及原理

1. 变频电路的组成

　　变频电路组成如图 3-12 所示，它由本机振荡器、非线性混频器件和带通滤波器三部分组成。本机振荡器的任务是产生一个比高频调制信号的载波频率高出一个中频的等幅正弦波信号；非线性混频器件有高频和本振两种信号输入，利用器件的非线性特性，获得一个差频信号，即本振频率 f_L 与载波频率 f_c 之差，这个差频 f_I 信号就是所需要的中频信号。带通滤波器的作用是选出混频输出的差频信号，滤除其他非差频信号。

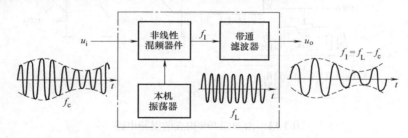

图 3-12　变频电路组成

2. 变频原理

　　无论采用什么电路进行变频，在非线性器件的输出中必须包含两个输入信号的相乘项。设输入信号为 $u_{AM}(t)$，本振信号为 $u_L(t)$，其中

$$u_{AM}(t) = U_{cm}(1 + m_a\cos\Omega t)\cos\omega_c t$$

$$u_L(t) = U_L\cos\omega_L t$$

　　其乘积为

$$u_L(t)u_{AM}(t) = U_L U_{cm}(1 + m_a\cos\Omega t)\cos\omega_L t\cos\omega_c t$$

$$= \frac{1}{2}U_L U_{cm}(1 + m_a\cos\Omega t)\cos(\omega_L + \omega_c)t + \frac{1}{2}U_L U_{cm}(1 + m_a\cos\Omega t)\cos(\omega_L - \omega_c)t$$

$$(3\text{-}15)$$

式中，第一项是和频分量 $(\omega_L + \omega_c)$，若带通滤波器选出和频分量，则称为上混频，上混频一般不采用；第二项是差频分量 $(\omega_L - \omega_c)$，若带通滤波器选出差频分量，则称为下混频，下混频较常用。

　　由此可见，两个不同频率的信号相乘，将产生和频、差频这两个新的频率信号，这就是变频原理。另外，和频信号与差频信号仍属于调幅信号。

3.4.2　混频电路

从变频原理分析可知，实现变频的关键是非线性混频器件，当高频调制信号和本振信号加到非线性器件上时，该器件能输出相乘项。模拟乘法器、二极管、晶体管及场效应晶体管都是非线性器件，都可以实现混频。

1. 模拟乘法器混频

两信号相乘可以得到和频及差频信号，因此利用模拟乘法器实现混频是最直观的办法。图 3-13 是由 MC1496 构成的混频电路，39MHz 本振信号 u_L 从⑩脚输入，30MHz 的高频调制信号 u_i 从①脚输入，相乘后的 9MHz 差频信号从⑥脚输出。输出端 π 形带通滤波器选出 9MHz 差频信号，而 69MHz 的和频信号被滤除。②脚与③脚短接，可提高混频增益（输出差频电压与输入高频电压之比），此混频器的增益达 13dB。调节 RP，可减小输出波形失真。

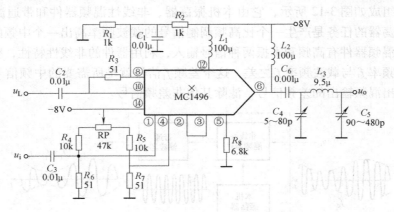

图 3-13　由 MC1496 构成的混频电路

由乘法器实现混频，输出端的组合频率分量少，有较高的混频增益，线性动态范围大。但由于乘法器工作频率不够高，当输入信号或本振信号频率很高时不能采用乘法器混频；另外，乘法器混频电路的成本比晶体管混频电路的高一些。

2. 晶体管混频

晶体管混频电路如图 3-14a 所示。它既与放大电路相似，又与放大电路有本质上的区别。首先，它有高频 u_i、本振 u_L 两个信号输入；其次，晶体管的静态工作点选在输入特性

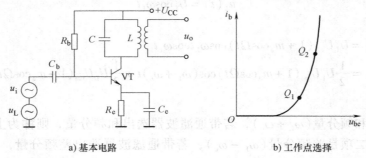

a) 基本电路　　　　　b) 工作点选择

图 3-14　晶体管混频电路及工作点选择

的非线性区域，如图 3-14b 中的 Q_1 点。再次，混频管集电极接有 LC 谐振回路，谐振频率为差频频率。

通常，晶体管的输入特性曲线可以近似地表示为二次曲线：

$$i_b = I_{BQ} + a_1 u_{be} + a_2 u_{be}^2 \tag{3-16}$$

式中，I_{BQ} 是静态电流；a_1 是线性系数；a_2 是非线性系数。a_1 和 a_2 与静态工作点的选择有关。若将静态工作点选在输入特性的线性位置，如图 3-14b 中的 Q_2 点，则 a_2 可忽略不计（若晶体管的任务是放大，则静态工作点就应该这样选择）。

将 $u_{be} = u_i + u_L$ 代入式（3-16），第二项线性部分不会产生新的频率，第三项非线性部分经化简后会产生相乘项 $2a_2 u_i u_L$，于是有和频与差频分量产生。也就是混频管基极电流中有直流 I_{BQ}、本振频率、高频信号频率、和频及差频等分量，基极电流经放大 β 倍后，由集电极调谐回路选出差频信号输出，而其他的频率信号被滤除。

复习思考题

3.4.1 混频与变频有什么区别？

3.4.2 混频电路是属于线性电路还是属于非线性电路？为什么？

3.5 调幅收音机电路分析

我国调幅广播分为中波广播和短波广播，中波频段范围：535 ~ 1605kHz，发射带宽：9kHz。短波频段范围：3.5 ~ 29.7MHz，发射带宽：9kHz。

3.5.1 分立元器件调幅收音机电路分析

HX108-2 型七管中波收音机电路如图 3-15 所示。VT1 用于构成变频电路，VT2 构成第一中频放大电路，VT3 构成第二中频放大电路，VT4（当二极管使用）构成检波电路，VT5 构成低频电压放大电路，VT6 和 VT7 构成低频推挽功率放大电路。

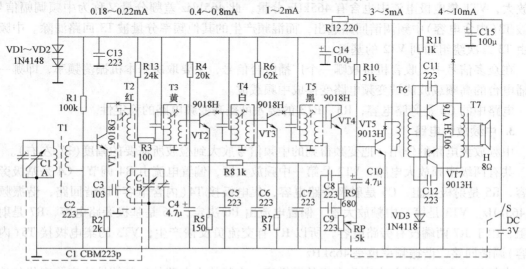

图 3-15 HX108-2 型七管中波收音机电路

1. 输入回路

输入回路的作用：利用天线接收无线电广播信号，并初选某一电台信号。

中波收音机均采用磁棒天线接收无线电波，磁棒具有收集无线电波的作用。磁棒应水平放置，且应把磁棒放置在磁感应强度最大的方位上。图中 T1 为磁棒天线，T1 一次绕组与二次绕组绕制在同一根磁棒上，一次绕组匝数较多，一次侧与输入回路连接，二次绕组匝数较少，二次侧与 VT1 基极连接。

图中 C1 由两个同轴可调的电容组成，即输入连电容 C1-A 和振荡连电容 C1-B，称为双连可调电容，两个电容的容量同时调大或同时调小。输入连电容和振荡连电容各包括一个微调电容。

输入回路由 C1 输入连电容 C1-A 及磁棒天线一次侧组成，这是一个调谐回路。首先，各种电台的无线电波都会在 T1 绕组中感应出微弱的高频信号，当谐振频率等于某一中波电台的载波频率时，该电台信号电流在输入回路中为最大，信号经 T1 一次、二次绕组之间的互感耦合到 VT1 的基极。

2. 变频电路

变频电路的作用：变频与选台，即将欲收听的某广播电台信号的高频载波变换成 465kHz 中频载波。

变频由混频与本振两部分组成。VT1 既是本机振荡管，又是混频管。VT1 作为振荡管，它与振荡线圈 T2、振荡连电容 C1-B、C3 组成本机振荡电路，振荡信号从振荡线圈 T2 抽头中取出，经 C3 耦合到 VT1 发射极。要求振荡信号频率始终比接收信号频率高 465kHz。为此，设置双连同轴可调电容 C1。调节时，若 C1 两个电容容量同时从最小增大到最大，则输入回路谐振频率从 1605kHz 变化到 535kHz，本振频率从 2070kHz 变化到 1000kHz，两者始终相差 465kHz。

VT1 作为混频管，调节 R1 可改变其电流大小，其静态工作点选在非线性区域，VT1 对基极高频调幅信号和发射极本振信号进行混频，VT1 基极电流中会产生 465kHz 差频分量，经放大，VT1 集电极电流中也含有 465kHz 分量，此 465kHz 差频分量又称为中频调幅信号，它被 T3（内含电容）中频调谐回路选出，而混频产生的其他频率分量被 T3 回路滤除。中频信号由 T3 二次绕组加到 VT2 的基极。

在众多信号中，收音机接收哪一个广播电台信号，主要取决于本机振荡频率，即哪一个广播电台的高频载波能被变频电路变换成中频载波。

电路中的 C2 是旁路电容，R3、R13 的接入可提高变频电路的稳定性。

3. 中频放大电路

中频放大电路的作用：把变频得到的中频信号放大到检波所需的幅度（1V 左右）。

共有两级中频放大电路，VT2 是第一中频放大管，偏置电流由 R4 调节，C4 是基极旁路电容，R5 是射极电阻，C5 是射极旁路电容，集电极接 T4（内含电容）调谐回路，谐振频率是 465kHz。VT3 是第二中频放大管，偏置电流由 R6 决定，C6 是基极旁路电容，R7 是射极电阻，由于 R7 两端没有旁路电容，所以 R7 有交流负反馈产生，VT3 的集电极接 T5（内含电容）调谐回路，谐振频率也是 465kHz。

中频放大电路的增益决定收音机的灵敏度，中频放大电路的选频特性决定收音机的选择性，中频放大电路的通频带影响收音机的音质。

4. 检波电路

检波电路的作用：从中频调幅信号中检出音频信号。

VT4 是检波管，由于 VT4 的基极与集电极连在一起，所以 VT4 相当于一只二极管。中频调幅信号的负半周信号被 VT4 阻断，正半周信号从 VT4 通过，经 C8、R9 和 C9 滤波后，获得含直流分量的音频信号，信号经 RP 音量电位器调节后，再由 C10 阻断直流分量，然后耦合到低频放大电路。

5. AGC 电路

AGC(Automatic Gain Control) 的中文含义是自动增益控制，其作用是使放大电路的增益能自动地随信号强度而调整。

因为天线接收进来的信号有强有弱，因此设置 AGC 电路是必须的。AGC 的功能是：当接收强台信号时，降低中频调谐放大电路的增益，避免产生强信号阻塞失真。

AGC 的原理是：C7 是 AGC 负电压形成电容，信号越强，C7 上平均直流分量越负；R8 的作用是将 C7 上的 AGC 电压加到 VT2 的基极，使 VT2 的静态电流在强信号状态下减小，则增益也随之降低。C4 既是 VT2 基极的旁路电容，又是 AGC 滤波电容。

6. 低频电压放大电路

低频放大电路的作用：对音频信号进行电压放大。

在分立元件收音机中，通常采用一级或二级放大。在图 3-15 中，VT5 是低频电压放大管，R10 是 VT5 的基极偏置电阻，VT5 放大后的集电极信号由 T6 变压器耦合输出到推挽功率放大级。

7. 低频功率放大电路

低频功率放大电路的作用：对音频信号进行功率放大。

VT6 和 VT7 构成推挽功放电路，这是一种变压器耦合方式的功放电路。从直流角度分析，其基极偏压由接在 T6 二次绕组中心抽头的 R11 提供，改变 R11 可改变 VT6 和 VT7 的电流大小，电流为 4 ~ 10mA，若电流太小则容易产生交越失真，若电流太大又会使收音机的耗电增加。VD3 的作用是稳压，为 VT6 和 VT7 基极提供 0.7V 稳定偏压，以防止电池用旧后 VT6 和 VT7 的静态电流下降太多。

从交流角度分析，输入变压器 T6 的二次绕组中心抽头通过 VD3 和 VT6 与 VT7 的发射极连接，VD3 导通后交流电阻很小，因而 T6 二次绕组的信号加到了 VT6 和 VT7 的基极与发射极之间，而且 VT6 和 VT7 两个基极获得的信号大小相等、极性相反。当正弦波信号的正半周或负半周到时，VT6 和 VT7 将轮流导通，这就是推挽放大。

VT6 和 VT7 轮流导通的集电极信号电流通过输出变压器 T7 耦合给扬声器 H。

8. 电源电路

该收音机采用两节五号电池 3.0V 供电。C15 为电池的滤波电容，可滤除电池内阻产生的交流电压(因为当电池用旧后，其内阻就较大)；R12、C13、C14 是退耦元件，对 VT1、VT2 和 VT3 的供电电压进行滤波；VD1、VD2 构成 1.4V 稳压电路，以防止电池用旧后 VT1、VT2 和 VT3 的静态电流下降太多。

3.5.2　集成电路调幅收音机电路分析

目前，调幅收音机电路都已经集成化，集成电路型号很多，典型的有 CD7613CP、

TA7641BP、CXA1191P、CXA1600P、LA1800 等。

1. CD7613CP 电路分析

集成电路中波调幅收音机电路如图 3-16 所示。该机采用经典的集成电路 CD7613CP，具有灵敏度高（优于 1mV/m）、选择性好（优于 15dB）、电路调试简单、静态电流小（小于 125mA）、输出功率大（大于 350mW）等优点。

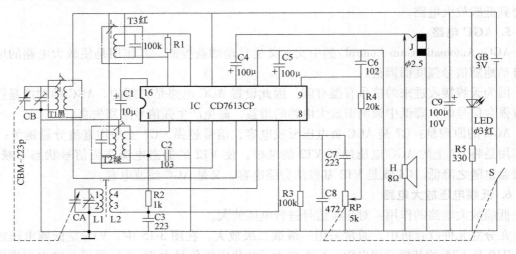

图 3-16　集成电路中波调幅收音机电路

CD7613CP 是一块带有音频功率放大的单片收音机电路，适用于普通收音机和钟控收音机。电路分析如下：

由磁棒天线 T 的一次绕组 L1、双连电容 CA 组成输入回路，经输入回路选频后的某电台高频信号，由 T 的二次绕组 L2 加到 CD7613CP 的 6、7 脚，其中 7 脚外接旁路电容 C3。由 T1、双连电容 CB 组成振荡选频回路，振荡信号从 5 脚输入。高频信号与振荡信号在 CD7613CP 内部进行混频，混频后的信号从 4 脚输出，经 T2 选出 465kHz 中频信号加到 1、2 脚，其中 1 脚外接旁路电容 C2。

465kHz 中频信号从 2 脚输入后，然后在 CD7613CP 内部进行中频放大及音频检波，15 脚外接 T3 中频变压器，以便对 465kHz 中频信号再进行选频。16 脚外接 AGC 滤波电容 C1。

检波后的音频信号从 8 脚输出，经 C8 滤波、C7 耦合，RP 音量调整，R4、C6 滤波后加到 9 脚。9 脚内部是功率放大电路，信号经功率放大后从 12 脚输出，由 C4 耦合给扬声器 H 及耳机插座 J。

2. CD7613CP 内部电路及引脚功能

CD7613CP 采用 DIP16 封装形式，其内部电路结构如图 3-17 所示。

CD7613CP 引脚功能见表 3-1。CD7613CP 不但适用于调幅收音机，也适用于调频收音机，只需在 FM 输入级外加 2 个晶体管即可组成完整的 AM/FM 收音机。

表 3-1　CD7613CP 引脚功能

引脚	符号	功能	引脚	符号	功能
1	BPS_{IF}	中频旁路	3	GND_{PRE}	前置地
2	IN_{IF}	中频输入	4	OUT_{MIX}	混频输出

（续）

引脚	符号	功能	引脚	符号	功能
5	OSC_{AM}	调幅本振	11	GND_{PWR}	功放地
6	IN_{RF}	射频输入	12	OUT_P	功放输出
7	BPS_{RF}	射频旁路	13	V_{CC}	电源
8	OUT_{DET}	检波输出	14	QUAD/DET	鉴频/检波
9	IN_{AF}	音频输入	15	OUT_{IF}	中频输出
10	DC_{AF}	音频退耦	16	AGC/AFC	自动增益/频率控制

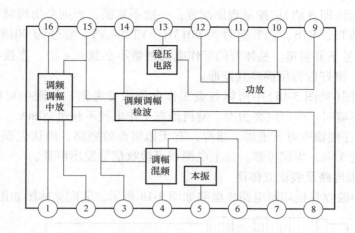

图 3-17　CD7613CP 内部电路结构

复习思考题

3.5.1　请说明图 3-15 分立元器件中波收音机电路各元器件的作用。

3.5.2　请说明图 3-16 集成电路中波收音机电路各元器件的作用。

3.6　调幅收音机的装配与调试

通过对收音机的装配与调试，可达到以下实训目的：

1）了解收音机的生产制作过程。

2）掌握收音机电路的组成、工作原理、各元器件的作用。

3）学会收音机静态、动态调试方法与技巧。

4）训练电子技术职业技能，培养工程实践观念及严谨细致的科学作风。

3.6.1　电路装配

HX108-2 型七管中波收音机电路如图 3-15 所示，其工作原理前面已介绍，此处不再重复。HX108-2 型收音机外形尺寸为 145mm×75mm×30mm，该机具有造型新颖、结构简单、用电经济、灵敏度高、选择性好、音质清晰、放音洪亮等特点。该机接收灵敏度：≤1.5mV/m（26dB 信噪比）；选择性：≥20dB（±9kHz）；输出功率：≥180mW（10% 失真度）。

1. 装配说明

为求一次装配成功，少走弯路，务必请装配前仔细阅读"装配说明"。

1）首先根据元器件清单（见表3-2）清点所有元器件，并用万用表粗测元器件的质量好坏。再将所有元器件上的漆膜、氧化膜清除干净，然后进行搪锡（如元器件引脚未氧化则省去此项）。

2）中周一套四只，红色为振荡线圈（T2），黄色为第一中周（T3），白色为第二中周（T4），黑色为第三中周（T5），注意不要装错。

3）低频变压器一套二只不得装错，绿色或蓝色为输入变压器（T6），黄色或红色为自耦型输出变压器（T7）。

4）晶体管色点（即 β 值）应按原理图配置，一般不互换，否则会出现啸叫或灵敏度低甚至不响等故障。VT5、VT6、VT7 型号为 9013H，VT2 ~ VT4 型号为 9018H，VT1 型号为 9018G，晶体管型号不要装错。晶体管的工作电流测量不必脱开 c 极。直接在印制电路板中的"×"处测量，测好后再用锡将其连通。

5）电路原理图（见图3-15）中所标各级工作电流为参考值，装配中可根据实际情况而定，以不失真、不啸叫、声音洪亮为准。整机静态工作电流不超过 20mA。

6）调试前应仔细检查有无虚焊、错焊，有无拖锡而致短路，确认无误后，即可通电调试。通常只要装配无误，焊接可靠，接上电源即可接收信号发出声音。

2. 印制电路板电路及装配立体图

HX108-2 型中波收音机印制电路板电路如图 3-18 所示，装配立体图如图 3-19 所示。

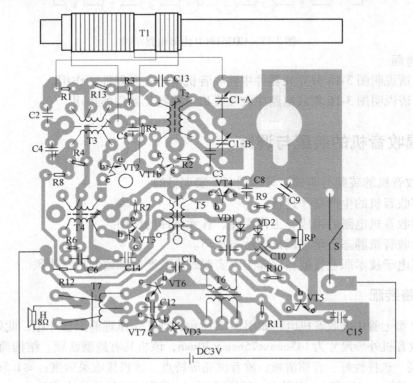

图 3-18　HX108-2 型中波收音机印制电路板电路

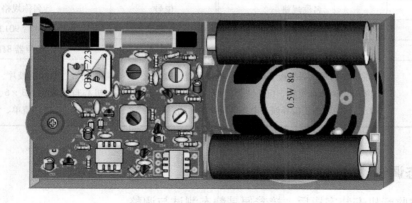

图 3-19 HX108-2 型中波收音机装配立体图

3. 元器件清单

HX108-2 型中波收音机元器件清单见表 3-2。

表 3-2 HX108-2 型中波收音机元器件清单

位号	名称规格	位号	名称规格
R1	电阻 100kΩ	C11	瓷片电容 0.022μF
R2	电阻 2kΩ	C12	瓷片电容 0.022μF
R3	电阻 100Ω	C13	瓷片电容 0.022μF
R4	电阻 20 kΩ	C14	电解电容 100μF
R5	电阻 150Ω	C15	电解电容 100μF
R6	电阻 62kΩ		磁棒
R7	电阻 51Ω	T1	天线线圈
R8	电阻 1kΩ	T2	振荡线圈（红）
R9	电阻 680Ω	T3	中周（黄）
R10	电阻 51kΩ	T4	中周（白）
R11	电阻 1kΩ	T5	中周（黑）
R12	电阻 220Ω	T6	输入变压器（蓝、绿）
R13	电阻 24kΩ	T7	输出变压器（黄、红）
RP	电位器 5kΩ	VD1	二极管 1N4148
C1	双连 CBM 223pF	VD2	二极管 1N4148
C2	瓷片电容 0.022μF	VD3	二极管 1N4148
C3	瓷片电容 0.01μF	VT1	晶体管 9018G
C4	电解电容 4.7μF	VT2	晶体管 9018H
C5	瓷片电容 0.022μF	VT3	晶体管 9018H
C6	瓷片电容 0.022μF	VT4	晶体管 9018H
C7	瓷片电容 0.022μF	VT5	晶体管 9013H
C8	瓷片电容 0.022μF	VT6	晶体管 9013H

（续）

位号	名称规格	位号	名称规格
C9	瓷片电容 0.022μF	VT7	晶体管 9013H
C10	电解电容 4.7μF	H	扬声器 8Ω
结构件清单	前框、后盖、周率板、调谐盘、电位器盘、磁棒支架、印制电路板、电池正极片、电池负极簧、连体簧、调谐盘螺钉、沉头 M2.5×4、双联螺钉 M2.5×3、机心自攻螺钉 M3×6、电位器螺钉 M1.7×4、电源正极导线、电源负极导线、扬声器导线 2 根、电路图、元器件清单、调谐指示片		

3.6.2　静态调试

七管中波收音机安装完毕后，接着便是静态测试与调整。

1. 检查电路是否有短路故障

首先装上两节五号电池，断开电源开关。将万用表拨在 10mA 直流电流档，并将万用表红、黑表笔搭在印制电路板上的电源开关两端（注意极性），此时由于各印制电路板上的晶体管集电极处于断开状态，所以整机电流读数应很小（<2mA）。若电流很大，说明电路存在短路故障，应排除故障后再接通电池，否则，若在短路状态就接通电池，电池电量将很快消耗光。

2. 各级静态电流测试与调整

收音机各晶体管的静态工作点是否正常，可通过各晶体管的集电极电流反映出来。为便于各管集电极电流的测试，在印制电路板中，各晶体管集电极都留有开口（"×"）处，分别将万用表拨在 1mA 或 10mA 直流电流档量程，并将万用表红、黑表笔搭在开口处即可测试，测试值填入表 3-3 中。

1）测试 VT6、VT7 的集电极电流应为 4~10mA，若电流偏大或偏小可调整 R11 电阻。

2）测试 VT5 的集电极电流应为 3~5mA，若电流偏大或偏小可调整 R10 电阻。

3）测试 VT3 的集电极电流应为 1~2mA，若电流偏大或偏小可调整 R6 电阻。

4）测试 VT2 的集电极电流应为 0.4~0.8mA，若电流偏大或偏小可调整 R4 电阻。

5）测试 VT1 的集电极电流应为 0.18~0.22mA，若电流偏大或偏小可调整 R1 电阻。

当以上各晶体管集电极电流均正常后，将印制电路板中各晶体管集电极的开口处用焊锡封住，再在电源开关处测试一下整机电流，应为 15mA 左右。

表 3-3　各管集电极电流测试

测试点	VT1 电流	VT2 电流	VT3 电流	VT5 电流	VT6 + VT7 电流	整机电流
静态电流/mA						

3.6.3　仪器调整

常用仪器设备包括：稳压电源（200mA、3V）、XFG-7 型高频信号发生器、示波器（一般示波器即可）、DA-16 型毫伏表（或同类仪器）、环形天线（调 AM 用）、无感应（非金属）旋具。

在元器件装配焊接无误及机壳装配好后，将机器接通电源，在中波段内能收到本地电台后，即可进行调试工作。收音机调试仪器连接图如图 3-20 所示。

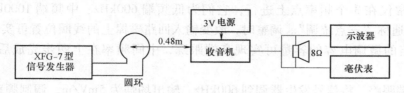

图 3-20　收音机调试仪器连接图

1. 中频频率调整

先将 AM 振荡电路交流短路（停振），将输入回路的可变电容调到最低端，高频信号发生器的输出频率调至 465kHz，输出场强为 10mV/m，调制信号采用 1000Hz，调幅度 30%，由环形天线发射被本机接收，用无感应旋具调节三只中频变压器的磁帽，使接在输出端的示波器波形不失真，毫伏表读数最大，扬声器声音最响，AM 中频频率即为调好。

调好后，用蜡封固中频变压器。

2. 接收频率范围调整

AM 波段的接收频率范围为 535～1605kHz。

（1）调低端　高频信号发生器调至 535kHz，输出场强为 5mV/m，调制频率为 1000Hz，调幅度为 30%。将双连可调电容的容量旋至最大位置（刻度最低端），用无感应旋具调整本振线圈的磁帽，使示波器波形不失真，收音机发声最响，毫伏表读数最大。

（2）调高端　将高频信号发生器改为 1605kHz，将双连可调电容的容量旋至最小位置（刻度最高端），调整振荡回路的微调电容，使示波器波形不失真，毫伏表读数最大。

高、低端频率调整时会相互影响，因此上述过程要反复多次。

3. 跟踪统调

（1）什么是跟踪统调　跟踪统调就是调整输入回路的频率，当转动双连可调电容时，输入回路频率能够与本振频率始终相差 465kHz。

（2）为什么要跟踪统调　因为输入回路的频率覆盖系数为 3（1605/535），而本振回路的频率覆盖系数为 2.07（2070/1000），两者不一样。当振荡连与输入连可调电容同轴旋转时，不可能一个回路的频率变化范围达 2.07 倍，另一个回路的频率变化范围达 3 倍，频率跟踪曲线如图 3-21 所示。显然在整个中波段内，只有中频段才实现理想跟踪，而低频段或高频

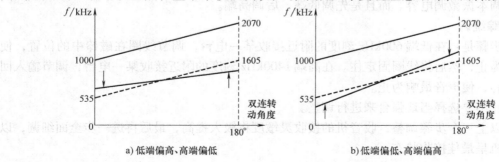

a) 低端偏高、高端偏低　　　　b) 低端偏低、高端偏高

图 3-21　频率跟踪曲线

段的输入回路频率不是太高就是太低（见图 3-21 中实线），所以要对输入回路进行跟踪统调，使跟踪曲线如图 3-21 中虚线所示。

统调通常仅在 3 个频率点上进行，它们为低频端 600kHz、中频端 1000kHz、高频端 1500kHz，即通称"三点统调"。调整时，改变输入回路磁棒上的线圈位置可实现低端跟踪，改变输入回路的微调电容的容量可实现高端跟踪，中间频率在上两步完成后也基本实现跟踪。

（1）低端跟踪　将信号发生器调到 600kHz，输出场强为 5mV/m，调制频率为 1000Hz，调幅度为 30%，调节收音机直至收到 600kHz 信号后，然后调节线圈在磁棒中的位置，使示波器波形不失真，毫伏表读数最大。

（2）高端跟踪　将信号发生器输出改为 1500kHz，调节收音机直至收到 1500kHz 信号后，用无感应旋具调整输入回路微调电容，使示波器波形不失真，毫伏表读数最大。

以上步骤反复调试两次即可。

3.6.4　手工调整

检修超外差接收机故障时，现场往往缺少要用的仪器，因此掌握手工调整技术十分重要。以调幅收音机为例，调整步骤以中频调整、接收频率范围调整、跟踪统调次序进行。下面介绍具体调整方法。

1. 中频调整

若中频频率未调准，则变频电路产生的 465kHz 中频信号就得不到足够的放大，收音机的接收灵敏度就极低，即使个别电台能接收，其音量也很轻。中频调整应在各级静态工作点正常，且本机振荡工作正常的情况下进行。手工调整就是通过接收某一电台信号来进行调整。方法是：接收某一弱台信号，反复调整三个中周的磁心，使音量最大为止。

注意：①不要接收强台信号；②中周磁心位置旋得很深或很浅，说明中周质量不好，电路有故障；③一般调第一中周最敏感，调第三中周最迟钝。所以要先调第一中周，然后调整第二、第三中周；④要反复细调。

2. 接收频率范围调整

决定接收频率范围的是本振频率。由于收音机中波接收频率范围是 535～1605kHz，中频频率是 465kHz，所以本振频率范围是 1000～2070kHz。

调整接收频率范围就是校准收音机面板频率刻度。具体调整步骤是：低端调本振线圈磁心；高端调本振微调电容。而且是先调低端，后调高端。

3. 跟踪统调

调整步骤是：在低端 600kHz 刻度的附近接收某一电台，调节线圈在磁棒中的位置，使声音最响为止，然后将线圈固定住。在高端 1400kHz 刻度的附近接收某一电台，调节输入回路微调电容，使声音最响为止。

注意：不要选择当地强台来进行调整。

经过以上三个步骤调整，收音机的接收灵敏度将极大提高，最后再进一步全面细调，以确保收音机呈最佳接收状态。

3.6.5　故障检修

1. 如何判别本振是否起振

以图 3-15 所示的收音机超外差接收电路为例。若本机振荡电路不工作，则收音机将收不到电台。本振电路是否工作正常，在没有示波器的场合可采用下列方法进行判别。

（1）方法 1　若碰触振荡回路热端，收音机有 "喀喀" 声，表示本机振荡基本正常。此方法虽然简单，但判别不十分准确。

（2）方法 2　单独确定本振是否起振，用万用表测变频管 be 之间的偏置电压，若为 0.7V 左右（硅管），则表示本振停振，即晶体管处于放大状态，没有处于振荡状态；若明显小于 0.7V，则表示本振起振。

（3）方法 3　用万用表测变频管 be 之间的偏置电压，若为 0.7V 左右（硅管），再用导线短路振荡线圈，若电压读数不变化，则表示本振停振；若电压读数明显减小，则表示本振起振。

以上判别对其他分立元件振荡电路也适用，其中方法 3 最准确。

2. 收不到电台故障检修

接收机收不到电台，说明接收电路完全不工作，其主要原因有：

1）本机振荡电路停振，无法将欲收听的电台信号变成 465kHz 中频信号。

2）变频管不工作。先测变频管集电极静态电流，通常应为 0.2mA 左右，若电流为零，检查上偏置电阻 R1 是否开路。直流正常后再查交流通路。

3）中放管不工作。先测中放管集电极静态电流，通常应为 0.4 ~ 1mA，若电流为零，检查上偏置电阻 R4 或 R6 是否开路。直流正常后再查交流通路。

4）检波二极管坏，检波后的滤波电容击穿等。

3. 音轻且灵敏度低故障检修

若收音机音轻但灵敏度不低（电台仍较多），通常是低频放大电路故障；若音轻且灵敏度低（电台少），通常是超外差接收电路故障。音轻属于软故障，检修比较麻烦，音轻故障主要原因有：

1）电池电压过低，造成中放管电流减小，增益降低。

2）调整不良，如中频频率调乱，跟踪统调不良。

3）晶体管发射极旁路电容失效，产生负反馈，使增益下降。可用同容量电容并联上去一试，若增益立即提高，说明电容确实失效。

4）中频变压器局部短路或槽路电容漏电，造成回路失谐。

5）天线线圈断，断股后灵敏度会降低。

6）晶体管基极旁路电容失效或漏电，造成旁路作用减退。可并联一只电容试一试。

复习思考题

3.6.1　在收音机装配过程中，如果各晶体管静态电流不正常，则如何调整？

3.6.2　收音机的接收频率范围，是由输入回路决定，还是由本振回路决定？为什么？

3.6.3　在收音机接收频率范围调整过程中，如果低端调本振微调电容，高端调本振线圈磁心，这样做是否合适？为什么？

习　题

1. 调幅波的表达式为

$$（1）u_{AM1}(t) = U_{cm}(1 + \cos\Omega t)\cos\omega_c t \quad （2）u_{AM2}(t) = U_{cm}\left(1 + \frac{1}{2}\cos\Omega t\right)\cos\omega_c t$$

式中，$\Omega = 2\pi F$，$\omega_c = 2\pi f_c$。试分别画出它们的波形图和频谱图。

2. 某调幅波表达式为 $u_{AM}(t) = (100 + 40\cos\Omega t + 20\cos2\Omega t)\cos\omega_c(t)$，式中 $\Omega = 2\pi F$，$\omega_c = 2\pi f_c$，试画出其频谱图，并求其带宽。

3. 已知调幅波的频谱如图 3-22 所示，试写出此调幅波的数学表达式。

4. 已知调幅波的波形如图 3-23 所示，试写出此调幅波的数学表达式。

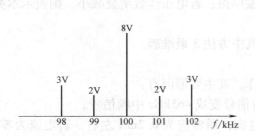

图 3-22　调幅波的频谱

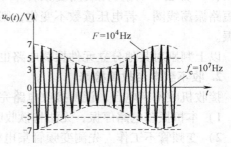

图 3-23　调幅波的波形

5. 某调幅广播电台的载频为 810kHz，音频调制信号频率为 100Hz ~ 4kHz，求该调幅信号频率分布范围和带宽。

6. 二极管检波电路及波形如图 3-24 所示，根据输入信号波形，试分别定性画出 u_C、u_{C1} 和 u_o 波形。

7. 认真阅读图 3-25 所示的中波收音机电路，请回答下列问题。

（1）何谓超外差接收方式？有何优点？

（2）无线电信号是怎样被接收的？怎样实现调电台？

（3）简述高频载波是怎样被转换成中频载波的？

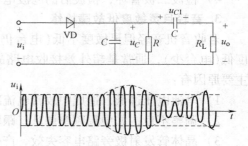

图 3-24　二极管检波电路及波形

（4）中频频率是什么？中频信号放大电路由哪些主要元器件组成？收音机的选择性由哪些元器件决定？

（5）AGC 的含义是什么？AGC 功能是怎样实现的？

（6）说明图 3-25 所示电路各元器件的名称和作用。

8. 对图 3-25 所示的中波收音机电路，试画出第二中频调谐放大电路的直流通路和交流通路。

9. 变频电路如图 3-26 所示，输入信号 $u_s(t) = 5[1 + 0.5\cos(2\pi \times 10^3 t)]\cos(2\pi \times 10^6 t)$ mV，

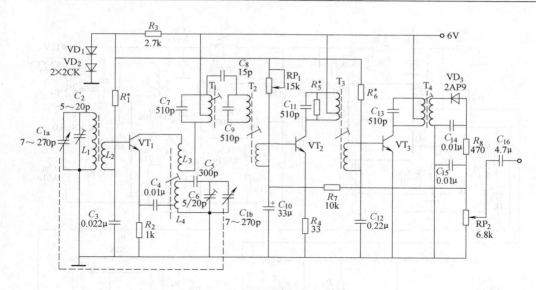

图 3-25　中波收音机电路

已知中频频率 $f_1 = 465\text{kHz}$。试分析该电路，并说明 L_1C_1、L_2C_2、L_3C_3 三个回路各调谐在什么频率上。简明地画出 F、G、H 三点对地电压波形。

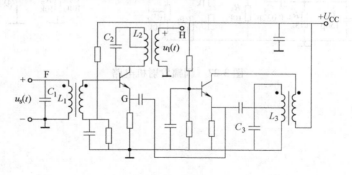

图 3-26　变频电路

10. 认真阅读图 3-27 所示的调幅发射机电路。传声器产生的音频信号经放大后对高频载波进行调幅处理，调幅信号再经高频功率放大后由天线发射。

(1) 传声器信号放大电路主要由哪些元器件组成？其电压放大倍数为多大？

(2) 载波信号发生电路主要由哪些元器件组成？这是什么形式的振荡电路？载波的频率为多大？振荡信号的幅度怎样调整？

(3) 调幅电路主要由哪些元器件组成？信号怎样输入？怎样输出？如何改变调幅系数 m_a？

(4) 调幅信号放大发射电路主要由哪些元器件组成？高频功率放大管的静态工作点是何类型(甲、乙、甲乙或丙类)？

11. 写出收音机装配与调试的实训报告，实训报告应包括的内容是：①实训目的；②实训器材；③画出收音机电路原理图；④收音机电路各元器件作用说明；⑤列表说明各管电流测试情况；⑥各调谐回路的频率调整情况；⑦实训过程中曾排除了哪些故障；⑧收音机能接收哪些广播电台；⑨实训体会。

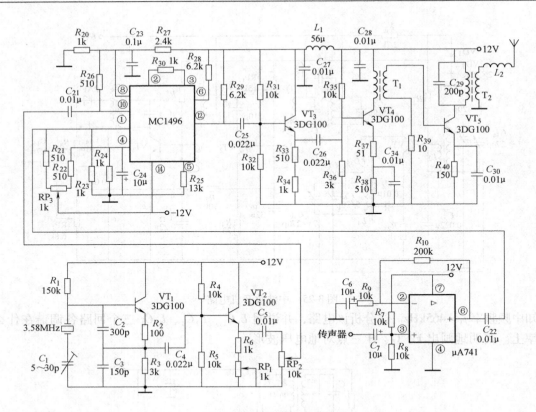

图 3-27 调幅发射机电路

第4章 调频技术及应用

在调制技术中，若用调制信号去控制高频载波的瞬时频率，使载波的角频率随调制信号的大小而变化，则这种调制称为频率调制，简称为调频，简写为 FM。与振幅调制相比，频率调制的主要优点是抗干扰能力强，缺点是占用的频带较宽。调频技术有着十分广泛的应用，如在调频广播、电视伴音、通信及遥测技术中，均采用了调频制。

4.1 调频信号分析

4.1.1 调频信号波形与表达式

设高频载波信号 $u_c(t) = U_{cm}\cos\omega_c t$，如图 4-1a 所示；设低频调制信号 $u_\Omega(t) = U_{\Omega m}\cos\Omega t$，如图 4-1b 所示。经调频后，调频波的瞬时角频率 $\omega(t)$ 以载波角频率 ω_c 为中心，随调制信号 $u_\Omega(t)$ 的振幅大小而变化，即

$$\omega(t) = \omega_c + k_f U_{\Omega m}\cos\Omega t = \omega_c + \Delta\omega_m\cos\Omega t \tag{4-1}$$

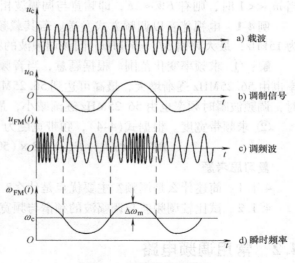

图 4-1 调频信号的波形

式中，$\Delta\omega_m = k_f U_{\Omega m}$ 称为最大角频偏，简称频偏；k_f 为由调频电路决定的比例常数，单位为 rad/sV，称为调频灵敏度，它反映了单位调制信号电压产生角频率偏移量的大小。由于 $\omega(t)$ 与时间有关，对 $\omega(t)$ 进行积分，可得到调频波的瞬时相位为

$$\varphi(t) = \int_0^t \omega(t)\mathrm{d}t = \omega_c t + \Delta\omega_m\int_0^t \cos\Omega t\mathrm{d}t = \omega_c t + \frac{\Delta\omega_m}{\Omega}\sin\Omega t$$
$$= \omega_c t + m_f\sin\Omega t \tag{4-2}$$

式中，$m_f = \dfrac{\Delta\omega_m}{\Omega}$ 称为调频系数。调频系数与调制信号频率成反比，它可以大于 1，也可以小于 1。调频信号表达式为

$$u_{FM}(t) = U_{cm}\cos(\omega_c t + m_f\sin\Omega t) \tag{4-3}$$

调频波的波形如图 4-1c 所示，当调制信号为波峰时，调频波的瞬时角频率最高，为 $\omega_c + \Delta\omega_m$，波形为最密；当调制信号为波谷时，调频波的瞬时角频率最低，为 $\omega_c - \Delta\omega_m$，波形为最疏。图 4-1d 表明了调频波的瞬时频率按低频调制信号变化规律而变化的情况。

4.1.2 调频波的频谱

借助三角函数和贝塞尔函数，经数学推导可证明，即使调制信号为单频 Ω 信号，但调频信号的频谱中除了有载频分量外，还包含有无穷多个边频分量。它们分布在载频两侧，邻近两个边频之间的频率间隔均为 Ω。各边频的幅度大小与调频系数 m_f 有关。

既然调频波的边频分量有无穷多个，那么调频波的频宽就应为无穷大。但实际上，调频波的能量绝大部分集中在载频附近的边频分量上，远离载频的边频其幅度很小。通常认为，当边频幅度小于载波幅度的1%时，即使忽略这些边频分量，对信号的传输质量并没有明显影响。因此，实际调频信号的频宽仍是有限的，频宽可按以下的近似式计算：

$$BW \approx 2(m_f + 1)F = 2(\Delta f_m + F) \tag{4-4}$$

式中，$F = \dfrac{\Omega}{2\pi}$；$\Delta f_m = \dfrac{\Delta \omega_m}{2\pi}$。调频波的频宽等于频偏 Δf_m 与调制信号频率 F 之和的两倍。对于多频率调制，调频波的频宽等于频偏 Δf_m 与调制信号最高频率 F_{max} 之和的两倍。

调频波的频宽与调频系数 m_f 有关，当 $m_f \geqslant 1$ 时，频带远比调幅波宽，这属于宽带调频。当 $m_f \ll 1$ 时，则有 $BW \approx 2F$，即频宽与调幅波相同，这属于窄带调频。

例 4-1 电视伴音以调频方式发送。若其载频 $f_c = 56.25\,\text{MHz}$，音频信号的最高频率 F_{max} 为 15kHz，最大频偏 $\Delta f_m = 50\,\text{kHz}$。问该调频波的频率变化范围多大？频带宽度为多少？

解： ① 求频率变化范围。根据题意，当音频信号幅度向正方向增大时，调频波瞬时频率也由 56.25MHz 逐渐增大，最高可达到 56.25MHz + 50kHz。当音频信号幅度向负方向增大时，调频波瞬时频率也由 56.25MHz 逐渐减小，最低可达到 56.25MHz − 50kHz。

② 求频带宽度。根据式(4-4)，频带宽度为

$$BW = 2(\Delta f_m + F_{max}) = 2 \times (50 + 15)\ \text{kHz} = 130\text{kHz}$$

复习思考题

4.1.1 简述什么是调频？主要优点是什么？

4.1.2 试比较调频波与调幅波的频谱与频宽。

4.2 常用调频电路

实现调频的方法很多，但无论是哪种调频电路，均要求已调波的中心频率，即载频尽可能稳定；已调波的瞬时频率应与调制信号的幅度成线性比例关系，并要求调制灵敏度尽可能高。调频电路有直接调频、间接调频两类电路。

4.2.1 直接调频电路

1. 什么是直接调频电路

直接调频就是用调制信号直接控制高频载波振荡器的振荡频率，以产生调频波，最常见的是将可变电抗元件(驻极体传声器、电容式传声器、变容二极管)接入 LC 正弦波振荡器，且使可变电抗元件的电感量或电容量受调制信号的控制，这样就可以产生振荡频率随调制信号变化的调频波。

2. 晶振直接调频电路

100MHz 晶振直接调频电路如图 4-2 所示。此电路也是一个无线传声器发射机电路。VT_2 是振荡管，C_3、C_4 和 VD 及石英晶体组成电容三点式振荡电路。传声器信号经 VT_1 放大后，再经 L_1 加到变容二极管 VD 的负极，以实现直接调频。L_1 是高频扼流圈，它允许 VT_1 集电极输出的低频调制信号加到变容二极管的负极，但阻止变容二极管负极上的高频振荡信号加到 VT_1 集电极上。VT_2 集电极上的谐振回路调谐在振荡频率的三次谐波上，从而完成对振荡信号的三倍频功能。最后，调频信号由 C_6 耦合到天线。

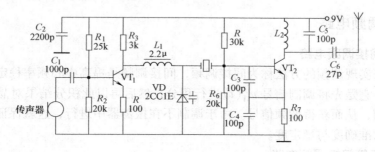

图 4-2　100MHz 晶振直接调频电路

需要指出的是，变容二极管 VD 上除了直流电压和调制电压以外，还作用着高频振荡信号电压，这种高频电压不仅影响着调频瞬时频率随调制电压的变化规律，而且还要影响振荡幅度及频率稳定度等性能。

晶振直接调频电路的特点是，由于采用晶体振荡，因此调频波的中心频率比较稳定，但变容二极管的容量变化引起调频波的频偏不很大，频偏值不会超出晶体串联与并联两者谐振频率差值的一半，即调频灵敏度不高，所以只用于小频偏调频电路中。

3. 双变容二极管直接调频电路

图 4-3a 所示是双变容二极管直接调频电路的实际电路。R_1、R_2 和 R_3 是偏置电阻；C_1 和 C_6 是旁路电容，对振荡信号视为短路；L_1、L_2 和 L_3 是高频扼流圈，对振荡信号视为开路；C_7、L_4 和 C_8 是退耦滤波元件；L、C_2、C_3、C_5、VD_1 和 VD_2 是电容三点式振荡元器件。振荡等效电路如图 4-3b 所示。

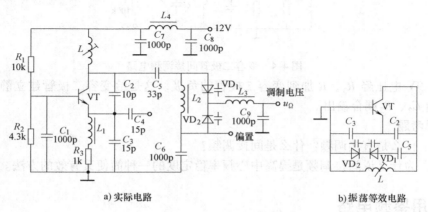

a) 实际电路　　　　　　　　　b) 振荡等效电路

图 4-3　双变容二极管直接调频电路

此振荡电路的一个显著特点是采用了两个变容二极管来实现调频，调制信号 u_Ω 经 L_3 和 C_9 低通滤波后加到 VD_1 和 VD_2 负极，偏置电压加到 VD_2 正极，并经 L_2 加到 VD_1 正极。VD_1 和 VD_2 对调制信号而言是并联的，对高频振荡信号而言是串联的。因此，高频振荡电压使 VD_1 和 VD_2 引起的电容量变化正好相反，所以高频振荡电压基本不会引起变容二极管的容量发生变化。变容二极管的容量变化仅取决于调制信号，从而克服了单变容二极管调频的缺点。

与晶振直接调频电路相比较，图 4-3 所示电路可获得较大的频偏，但调频波的中心频率稳定度不高。

4.2.2　间接调频电路

1. 什么是间接调频电路

利用调相来实现调频的方法称为间接调频，间接调频是提高中心频率稳定度的一种简便又有效的方法。它是先将调制信号 $u_\Omega(t)$ 进行积分，然后再以此积分结果对晶体振荡器送来的载波进行调相，从而获得调频信号。由于调制不在振荡器中进行，这就保证了调频信号中心频率有很高的准确度与稳定度。

2. 变容二极管间接调频电路

变容二极管间接调频电路如图 4-4 所示。图中 VT 构成载波放大器，L 和变容二极管构成调相电路，R 和 C 构成积分电路。

VT 的输入信号来自高稳定的晶体振荡器，VT 的输出信号通过 R_1、C_1 加到由 L、变容二极管构成的并联谐振调相电路。调制信号 $u_\Omega(t)$ 经 C_3 耦合到由 R、C 构成的积分电路，从而在积分电容 C 上形成积分电压，此积分电压使变容二极管的容量发生变化，则载波信号的相位将发生变化，这就是"先积分后调相"的间接调频法。

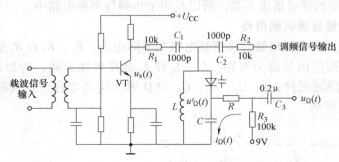

图 4-4　变容二极管间接调频电路

图中，9V 电压经 R_3、R 加到变容二极管的负极，这是给变容二极管建立静态工作点。调频信号由 C_2、R_2 耦合输出。

复习思考题

4.2.1　什么是直接调频？什么是间接调频？

4.2.2　为什么说间接调频是提高中心频率稳定度的一种简便又有效的方法。

4.3　常用鉴频电路

鉴频是调频的逆过程，其作用是从调频波取出低频调制信号。鉴频又称频率检波。实现鉴频的关键是，如何将等幅调频波变换成调幅调频波，然后再进行幅度包络检波，就可以获得低频调制信号。

对鉴频器的性能要求有：非线性失真尽量小；鉴频灵敏度要高，鉴频灵敏度是指使鉴频器正常工作所需输入调频波的幅度，其值越小鉴频灵敏度越高；对寄生调幅有一定的抑制能力。

4.3.1　斜率鉴频器

1. 单失谐回路斜率鉴频器

单失谐回路斜率鉴频器如图 4-5 所示。调频信号经变压器 T 耦合到 LC 回路，由于 LC 回路对调频信号的中心频率 f_c 是失谐的，即将 f_c 设计在 LC 幅频特性曲线的左侧斜坡（也可以是右侧斜坡）中部位置上，则调频波的频率变化将引起调频波的幅度发生变化，于是在电容 C 两端获得的 u_c 电压波形就是幅度变化的调频波。u_c 波形再经 VD、C_1 和 R_1 进行包络检波，就能获得低频调制信号输出。

这种利用 LC 谐振曲线的斜坡特性来实现调频波的等幅-调幅变换的鉴频器，称为斜率鉴频器。由于单个 LC 回路的幅频特性曲线斜坡部分不是直线，因此失真较大，实际采用很少。

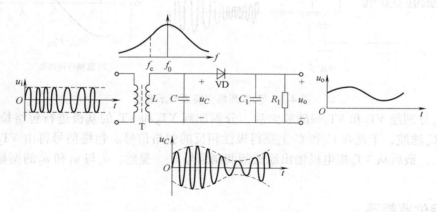

图 4-5　单失谐回路斜率鉴频器

2. 集成电路中的斜率鉴频器

集成电路中的斜率鉴频器如图 4-6 所示，此电路又称为差动峰值鉴频器。图中除 L、C_1

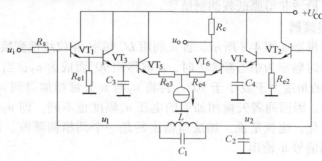

图 4-6　集成电路中的斜率鉴频器

和 C_2 外，其他元器件均集成化。电视机伴音集成电路如 TA8186AP、AN5250、LA1320A 和 μPC1353C等都采用差动峰值鉴频器。

在差动峰值鉴频器中，L、C_1 和 C_2 的作用是实现等幅-调幅变换，变换原理如图 4-7 所示。由 L 和 C_1 构成并联谐振回路，谐振频率为 $f_1 = \dfrac{1}{2\pi\sqrt{LC_1}}$。在此 f_1 频率处，L 和 C_1 构成的回路阻抗最大，即 u_1 幅度最大，u_2 幅度最小。当外信号频率低于 f_1 时，L 和 C_1 构成的回路呈感性，等效电感与 C_2 又构成串联谐振，谐振频率为 $f_2 = \dfrac{1}{2\pi\sqrt{L(C_1+C_2)}}$。在 f_2 频率处，u_1 幅度最小，u_2 幅度最大。电路设计时，通常将调频波的中心频率 f_0 设定在串、并联谐振曲线的斜坡位置，而且使 $f_1 - f_0 = f_0 - f_2$。于是，当输入为等幅正弦波时，u_1 和 u_2 均为调幅调频波，且 u_1 与 u_2 的包络信号极性相反。以上特性与双失谐回路的鉴频特性相似，故属于斜率鉴频器。

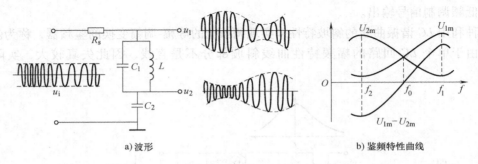

a) 波形　　　　　　　　　　　　　　　b) 鉴频特性曲线

图 4-7　等幅-调幅变换原理示意图

u_1 和 u_2 分别经 VT$_1$ 和 VT$_2$ 跟随放大后，分别加到 VT$_3$ 和 VT$_4$ 的基极进行包络检波，并分别由 C_3 和 C_4 滤波，于是在 C_3 和 C_4 上获得极性相反的包络信号。包络信号再由 VT$_5$ 和 VT$_6$ 进行差分放大，最后从 VT$_6$ 集电极输出原低频调制信号 u_o。显然，u_o 与 u_1 和 u_2 的振幅差 $U_{1m} - U_{2m}$ 成正比。

4.3.2　相位鉴频器

相位鉴频器就是利用谐振回路的相频特性实现波形变换而构成的鉴频器。第一步是将信号的频率变化变换成信号的相位变化，第二步再将相位变化变换成幅度变化（称为鉴相），第三步通过幅度包络检波获得原低频调制信号。

1. 叠加型相位鉴频器

叠加型相位鉴频模型如图 4-8 所示。首先利用 LC 频率-相位线性变换网络对调频波 u_i 进行移相处理，当 u_i 瞬时频率为中心频率 f_c 时，u_i 被移相 90°而成为 u_2；当 u_i 瞬时频率高于或低于 f_c 时，u_i 被移相的角度大于或小于 90°。再将 u_2 与 u_i 矢量相加得到 u_a。由于频率不同，u_2 与 u_i 的相位差不同，因而两者矢量相加后的电压 u_a 幅度也不同，即 u_a 的幅度随着调频波瞬时频率的变化而变化，也就是说，加法器输出的是一个调幅调频波。再对 u_a 进行包络检波，将获得低频调制信号 u_o 输出。

叠加型相位鉴频器电路如图 4-9 所示，输入信号 u_i 是调频波，经 VT 放大后，进入由 L_1C_1 和 L_2C_2 构成的互感耦合双回路进行移相，两个谐振回路都谐振在调频信号的中心频率 f_c。

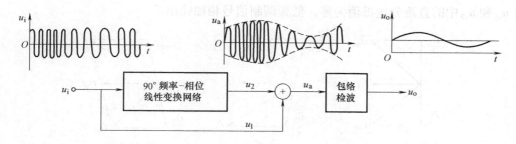

图 4-8 叠加型相位鉴频器模型

上。L_2 被中心抽头分成两半,所以,u_1 感应到 L_2 的每一半的电压为 $u_2/2$。L_3 是高频扼流圈,它对调频信号视为开路,对低频调制信号视为短路。C_3 为耦合电容,它将 u_1 信号耦合到 L_3 两端。VD_1、VD_2、R_4、C_4、R_5 和 C_5 组成两个包络检波电路。其中,VD_1 与 VD_2 参数、型号一致,$R_4 = R_5$,$C_4 = C_5$。加到两个包络检波器上的信号电压为

$$u_{ao} = u_1 + \frac{u_2}{2} \qquad u_{bo} = u_1 - \frac{u_2}{2} \qquad (4-5)$$

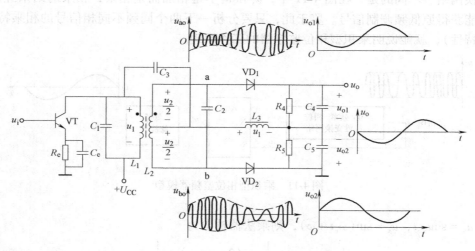

图 4-9 叠加型相位鉴频器电路

所以 u_{ao} 和 u_{bo} 的幅度取决于 u_1 与 u_2 的相位关系。当信号频率 $f = f_c$ 时,二次回路呈阻性,u_2 滞后于 u_1 的角度是 $90°$,根据矢量加减,u_{ao} 幅度与 u_{bo} 幅度相等。当信号频率 $f < f_c$ 时,二次回路呈容性失谐,u_2 滞后于 u_1 的角度小于 $90°$,根据矢量加减,u_{ao} 幅度大于 u_{bo} 幅度。当信号频率 $f > f_c$ 时,二次回路呈感性失谐,u_2 滞后于 u_1 的角度大于 $90°$,根据矢量加减,u_{ao} 幅度小于 u_{bo} 幅度。若 u_1、u_2、u_{ao} 及 u_{bo} 信号分别用 $\dot{U}_1$、$\dot{U}_2$、$\dot{U}_{ao}$ 及 $\dot{U}_{bo}$ 复数表示,则矢量分析如图 4-10 所示。

根据上述对不同频率分析可知,u_{ao} 和 u_{bo} 是一对包络极性相反的调幅调频信号。u_{ao} 经 VD_1、R_4 和 C_4 包络检波后,在滤波电容 C_4 上获得含直流分量的低频调制信号 u_{o1}。u_{bo} 经 VD_2、R_5 和 C_5 包络检波后,在滤波电容 C_5 上也获得含直流分量的低频调制信号 u_{o2}。输出信号为

$$u_o = u_{o1} - u_{o2} \qquad (4-6)$$

于是 u_{o1} 和 u_{o2} 中的直流分量抵消为零，低频调制信号相加输出。

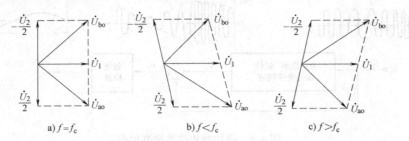

　　　　　a) $f=f_c$　　　　　　　　　b) $f<f_c$　　　　　　　　　c) $f>f_c$

图 4-10　相位鉴频器矢量分析

　　对叠加型相位鉴频器加以改进，可得到比例鉴频器。比例鉴频器的鉴频灵敏度比较低，但其最大优点是具有自动限幅抗干扰作用。有关比例鉴频器电路的介绍请参阅其他书籍。

　　2. 乘积型相位鉴频器

　　乘积型相位鉴频器模型如图 4-11 所示。与图 4-9 进行比较，两者都有一个 90°频率-相位线性变换网络。不同的是，在图 4-11 中，u_x 和 u_y 不是相加而是相乘，相乘的结果经低通滤波后就能获得原低频调制信号。鉴于此，只要分析一下两个同频不同相信号的相乘特性（又称鉴相特性），就能说明乘积型相位鉴频器的工作原理。

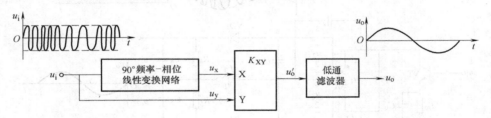

图 4-11　乘积型相位鉴频器模型

　　设 $u_y = \sin\omega_c t$，$u_x = \sin(\omega_c t + \varphi)$，则乘法器输出为

$$u_o' = u_x u_y = -\frac{1}{2}\cos(2\omega_c t + \varphi) + \frac{1}{2}\cos\varphi \tag{4-7}$$

式中，第一项高频二次谐波将被低通滤波器滤除，第二项就是 u_o。于是有

$$u_o = \frac{1}{2}\cos\varphi \tag{4-8}$$

　　上述分析说明，当 u_x 和 u_y 均为小信号时，乘法器具有正弦（余弦）鉴相特性，如图 4-12a 所示。当两个同频输入信号相位差为 90°时，输出为零。当两个同频输入信号相位差为 0°时，输出为正最大，当两个同频输入信号相位差为 180°时，输出为负最大。

　　对于实际模拟乘法器，当 u_x 和 u_y 均为大信号时，由于乘法器自身的限幅作用，u_x 和 u_y 将被限幅成方波信号后再相乘，此时乘法器鉴相特性是三角形特性，如图 4-12b 所示，从而可实现线性鉴相。

　　一个 90°频率-相位线性变换网络与一个模拟乘法鉴相器配合，就能实现鉴频功能。前者将调频波的频率变化变换成相位变化，后者将相位变化变换成输出电压值变化，再经低通滤波后，输出就是原低频调制信号。

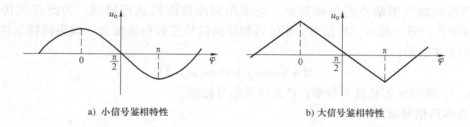

a) 小信号鉴相特性　　　　　b) 大信号鉴相特性

图 4-12　乘法器的鉴相特性

复习思考题

4.3.1　何谓斜率鉴频器？何谓相位鉴频器？

4.3.2　鉴频与鉴相有什么区别？

4.3.3　叠加型相位鉴频器与乘积型相位鉴频器有何异同点？

4.4　调频收音机

调频收音机又称 FM 收音机，它有调频单声道收音机和调频立体声收音机之分，我国调频广播的载波频率范围是 87 ~ 108MHz，中频频率是 10.7MHz。

4.4.1　调频立体声广播

调频立体声广播是在调频单声道广播和立体声音响技术的基础上发展起来的，充分体现了调频广播信噪比高、抗干扰能力强、音质优美等优点。

1. 调频立体声广播制式

调频单声道广播仅传送一个音频信号，调频立体声广播要传送 L（左声道）、R（右声道）两个音频信号，L、R 两个音频信号必须经过编码处理，然后以调频形式发射出去。编码方法不同则制式也不同，我国调频立体声广播采用的 AM-FM 导频制编码，所谓 AM 是指其副载波采用调幅，FM 是指主载波采用调频，并在传输左、右声道信号的同时，插入一个导频信号，组成导频制立体声复合信号。

AM-FM 导频制编码与发射系统框图如图 4-13 所示。

图中的 L 和 R 信号分别是左、右声道的音频信号，频率范围为 30 ~ 15000Hz。L 和 R 信号先经过预加重处理（为改善高频信噪比而设），以提升高音。然后 L 和 R 信号送到加减矩阵电路，产生和信号 $M = L + R$ 及差信号 $S = L - R$ 输出。S 信号送到平衡调幅器，对频率为 38MHz 的副载波进行平衡调幅，平衡调幅后的信号用 S' 表示，频率范围为 38MHz ± 15kHz。平衡调幅波的优点是无载波频率分量，因而幅度比普通调幅波小，这有利于与单声道调频广播

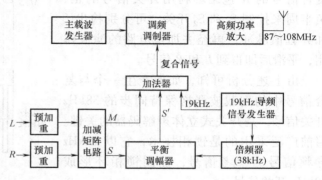

图 4-13　AM-FM 导频制编码与发射系统框图

兼容。平衡调幅波的缺点是解调复杂，应采用同步检波器进行解调，为此必须传送一个 19kHz 的导频信号。最后，M 信号、S' 信号和导频信号三者相加混合，成为调频立体声复合信号，用下式表示：

$$M + S\cos\omega_s t + P\cos(\omega_s t/2) \tag{4-9}$$

式中，ω_s 为 38MHz 副载波角频率；P 为导频信号振幅。

2. 立体声信号波形

导频制立体声复合信号的波形如图 4-14 所示，这些波形有如下特点：

1）波形的包络分别反映了 L 和 R 信号的变化规律。

2）副载波的正峰点始终对准 L 包络，负峰点始终对准 R 包络。

波形特点告诉我们，可以采用时分法，用一只电子开关切换复合信号。在副载波正峰点取样可以获得 L 信号，在副载波负峰点取样可以获得 R 信号。完成这一功能的电路为开关式立体声解码器。

3. 开关式立体声解码器

根据立体声复合信号的波形特点，可以采用开关式立体声解码器对其进行解码。开关式立体声解码器的电路组成如图 4-15 所示。它直接利用 38kHz 开关信号对立体声复合信号进行切换取样，经低通滤波器解调出与 L、R 包络相对应的左、右声道信号。

开关式立体声解码器的工作原理可用图 4-16 所示的波形说明。图 4-16a 是立体声复合信号，图 4-16b 是与副载波同步的 38kHz 开关信号。开关信号的正半周对准复合信号的 L 包络，开关信号的负半周对准复合信号的 R 包络。利用开关信号的正、负半周来控制 S_1 和 S_2 开关，可分别检出 L 和 R 幅值脉冲，再经去加重电路的滤波作用，平滑后即得到 L 和 R 信号。

由上述分析可知，如何产生一个与复合信号中的副载波严格保持同步的 38kHz 开关信号，是开关式立体声解码器的关键。目前广泛采用的是锁相技术，它以 19kHz 导频信号为参考信号，控制锁相环形成 38kHz 开关信号。

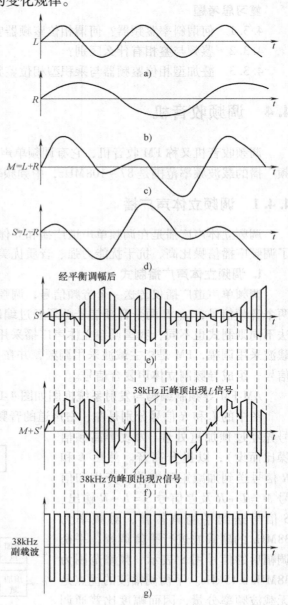

图 4-14　导频制立体声复合信号的波形

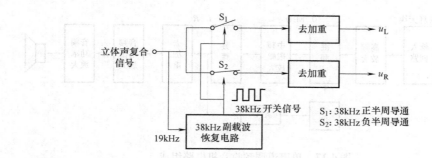

图 4-15 开关式立体声解码器的电路组成

4.4.2 调频收音机电路组成

1. 单声道调频收音机电路组成

单声道调频收音机电路组成如图 4-17 所示。电路采用超外差接收方式，即先将天线接收进来的高频信号（87 ~ 108MHz）变换成中频信号（10.7MHz），然后再进行中频放大及鉴频处理。单声道调频收音机电路基本上与调幅收音机相同，主要区别包括：

1）由于信号属于超短波，通常采用拉杆天线接收无线电信号。

2）有一个高频放大电路，微弱的高频信号经过放大后再混频，这样可提高混频效果。

3）有一个 AFC（Automatic Frequence Control）电路，中文含义是自动频率控制，即对本振频率进行自动控制，以确保本振频率稳定。

4）中频信号放大与限幅相结合，限幅就是消除幅度干扰，以体现调频广播的优点。

5）在调频广播发射机中，为提高高音信噪比，对调频前的音频信号中的高音进行提升，这称为预加重处理。所以在收音机中有一个 RC 去加重电路，去加重就是对高音进行衰减，使音频信号中的各频率成分比例恢复正常，否则高音过强，听起来不柔和、尖刺难听。

需要说明的是，单声道调频收音机不但可以接收调频单声道信号，也可以接收调频立体声信号，此时鉴频器产生的是立体声复合信号（$M + S' + $导频），但 S' 信号

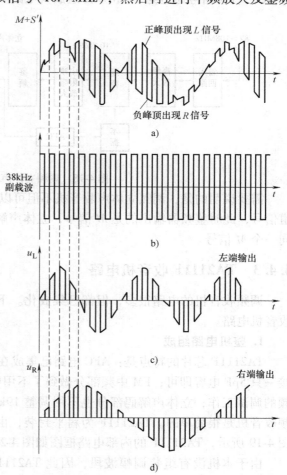

图 4-16 开关式立体声解码器解码波形

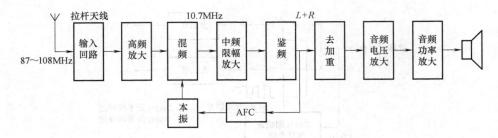

图 4-17　单声道调频收音机电路组成

（38MHz±15kHz）信号和导频信号（19kHz）会被去加重电路滤除，只有 M 信号使扬声器发声。

2. 调频立体声收音机电路组成

调频立体声收音机电路组成如图 4-18 所示，它与单声道调频收音机电路的主要区别是：

1）增加了一个立体声解码电路，解码原理详见图 4-15 与图 4-16。

2）音频信号通道为 L、R 双声道放大电路。

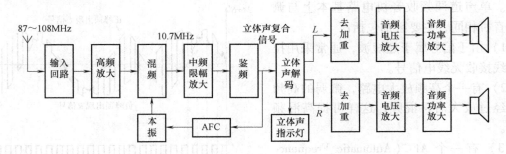

图 4-18　调频立体声收音机电路组成

需要说明的是，调频立体声收音机不但可以接收调频立体声信号，也可以接收调频单声道信号，此时鉴频器输出的是 M 信号，立体声解码电路停止解码，送入 L、R 声道的信号是同一个 M 信号。

4.4.3　TA2111F 收音机电路

调频收音机的电路很多，但都已集成化。下面介绍由 TA2111F 芯片组成的调频立体声收音机电路。

1. 整机电路组成

TA2111F 芯片的特点是：AFC 电路已集成在 IC 的内部，无需外接变容二极管，只需外接一只 5pF 电容即可；FM 中频部分做到了不用中周，改由陶瓷滤波器代替，从而省去了中频的调试工作；立体声解码部分也不用调整 19kHz 的立体声导频频率。用 TA2111F 组装调频收音机是很简单的。TA2111F 为扁平封装，由 TA2111F 组成的调频立体声收音机电路如图 4-19 所示，TA2111F 的内部电路框图如图 4-20 所示。

由于本机没有组装调幅波段，因此 TA2111F 芯片的 7、20、24 脚闲置不用。16 脚为 AM/FM 波段转换脚，若 16 脚接电源，则 TA2111F 可工作在 AM 波段。

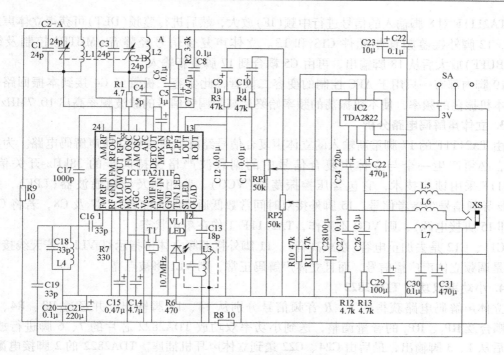

图 4-19　由 TA2111F 组成的调频立体声收音机电路

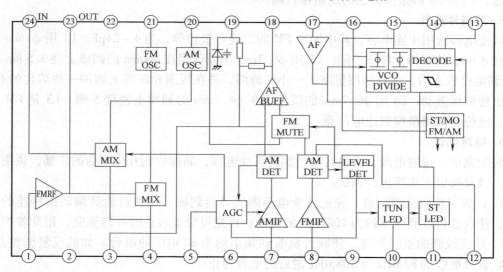

图 4-20　TA2111F 的内部电路框图

2. 超外差接收部分电路分析

本机借助立体声耳机的引线作天线，FM 信号经 L4、C19、C18 及 C16 组成的带通滤波器滤波后从 TA2111F 的 1 脚输入，然后在 TA2111F 内部进行高频（RF）放大，并由 23 脚外接的元件 C1、C2-A 及 L1 对信号进行调谐选频，接着高频信号送到混频（MIX）电路。21 脚外接本振元件 C3、C2-B 及 L2，本振信号也送到混频（MIX）电路。混频产生的 10.7MHz 中频信号从 4 脚输出，经 T1 带通滤波器后从 8 脚重新输入。

　　TA2111F 对 8 脚输入的信号进行中频（IF）放大，然后进行鉴频（DET）可获得立体声复合信号，12 脚外接鉴频移相元件 C13 和 L3。立体声复合信号经静音（MUTE）控制及缓冲（AF BUFF）放大后从 18 脚输出，再由 C5 耦合到 17 脚重新输入。

　　19 脚内部有一只用于 AFC 控制的变容二极管，此变容二极管经 C4 接到本振回路，以改变本机振荡的频率，使本机振荡的频率始终比高频调频信号的载波频率高出 10.7MHz。

3. 立体声解码电路分析

　　由 TA2111F 的 17 脚重新输入的立体声复合信号经放大后送到立体声解码电路。为实现解码，必须产生一个与立体声复合信号中的副载波严格保持同步的 38kHz 开关信号，TA2111F 采用锁相技术，它包含压控振荡器（VCO）、鉴相器及低通滤波器（LPF），并以 19kHz 导频信号为参考信号。15 脚外接双时间常数低通滤波元件 R2、C7 及 C8，若将 C8 短路（即 15 脚接电源），则 VCO 不工作，TA2111F 工作在单声状态。

　　C11、C12 是去加重电容（衰减高音）。11 脚外接调频立体声指示灯 VL1，若天线接收进来的是调频立体声广播信号，而且立体声解码正常，则 VL1 将被点亮。

4. 小功率双功放 TDA2822

　　立体声解码电路获得的 L、R 音频信号分别从 14、13 脚输出，并经过 R3、R4、C9、C10 耦合及 RP$_1$、RP$_2$ 的音量调整，送到小功率双功放 TDA2822 芯片的 7、6 脚进行放大，放大后从 1、3 脚输出，最后由 C24、C22 送到立体声耳机插座。TDA2822 的 2 脚接电源，4 脚接地，5 脚和 8 脚是放大器的反相输入端。

5. 元器件选择

　　可变电容选用 4 连电容，其中用于 FM 的二连容量相等，为 4~24pF。L1 用 ϕ1mm 的漆包线在 ϕ5mm 的圆棒上绕 3.5 圈。L2 用 ϕ0.7mm 的漆包线在 ϕ4mm 的圆棒上绕 3.5 圈。L1、L2 装到电路板上后，需在线圈里塞入一小块海绵，并在线圈和海绵上滴加一些熔化的石蜡，防止出现机械振动。L4 用 ϕ0.7mm 的漆包线在 ϕ4.5mm 的圆棒上密绕 5 圈。L3 是 FM 鉴频线圈。电位器采用微型双连电位器。

6. 电路调试

　　装配完毕，接通电源，开大音量，旋转可变电容，如能收到几个电台的广播，说明安装无误，接着按以下步骤进行调试。

　　（1）频率接收范围调整　先把可变电容顺时针转到底，用螺钉旋具调动振荡连的微调电容，使收音机收到频率约为 108MHz 的电台；再把可变电容逆时针转到底，用牙签拨动线圈 L2，改变线圈的匝间距离，使收音机收到频率约为 87MHz 的电台。如此反复调整几次，直到收音机能收到 87MHz 与 108MHz 附近的电台为止。

　　（2）调高低端灵敏度　先把可变电容转到 106MHz 附近，用螺钉旋具旋转天线连的微调电容，直到扬声器中的"沙沙"声最大；再把可变电容转到 92MHz 附近，用牙签拨动线圈 L1，改变线圈的匝间距离，直到扬声器中的"沙沙"声最大，如此反复几次即可。

　　（3）鉴频的调整　用螺钉旋具调 L3 的磁帽，使扬声器中的"沙沙"声最小。

复习思考题

4.4.1　在调频立体声广播中，为什么要将 L、R 信号变换成 M = L + R、S = L − R 信号？

4.4.2　在调频立体声广播中，19kHz 导频信号的作用是什么？

4.4.3　调频立体声收音机电路与单声道调频收音机电路有何异同点？

4.5　调频收音、对讲机的装配与调试

通过对调频收音、对讲机的装配与调试，可达到以下实训目的：

1）了解调频信号的发射与接收过程。

2）掌握 BS1008 型调频收音、对讲机电路的工作原理及元器件的作用。

3）学会调频收音、对讲机电路的调试方法与技巧。

4）训练电子技术职业技能，培养工程实践观念及严谨细致的科学作风。

4.5.1　电路分析

BS1008 型调频收音、无线对讲机电路原理图如图 4-21 所示。

该机具有造型美观、体积小、外围元器件少、灵敏度高、性能稳定、耗电省、输出功率大等优点。只要按要求装配无误，装好后稍加调试即可收到电台，无需统调。该机既能收听调频电台广播，又能实现相互对讲。收音机的参数：调频波段为 88 ~ 108MHz；工作电源电压范围为 2.5 ~ 5V；静态电流为 13.5mA；信噪比 > 80dB；谐波失真 < 0.8%；输出功率≥350mA。发射机工作电流约为 18mA，对讲距离为 50 ~ 100m。

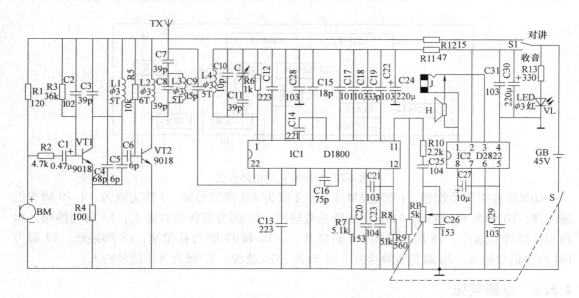

图 4-21　BS1008 型调频收音、无线对讲机电路原理图

该机采用的核心芯片为 D1800（UTC1800），它是 AM/FM 收音接收专用集成电路，功放部分选用 D2822。对讲的发射部分采用两级放大电路，第一级为振荡兼放大电路；第二级为发射部分，采用专用的发射管使发射效率得到提高。

1. 接收机原理

调频信号由天线 TX 接收，经 C9 耦合到 D1800 的 19 脚内部的混频电路。D1800 第 1 脚为本振信号输入端，内部为本机振荡电路，L4、C、C10、C11 等元件构成本振的调谐回路。在 D1800 内部，混频后的信号经低通滤波器得到 10.7MHz 中频信号，中频信号由 D1800 的

7、8、9 脚内部电路进行中频放大及检波。7、8、9 脚外接的电容为高频滤波电容。10 脚外接电容为鉴频电路的滤波电容。此时，中频信号仍然是调频信号，经过鉴频后变成音频信号，经过静噪及前置放大的音频信号从 14 脚输出，经 C21 耦合至 12 脚内部的功放电路，第一次功率放大后的音频信号从 11 脚输出，经过 R10、C25 耦合及 RP 音量调整，送到 D2822 进行第二次功率放大，推动扬声器发出声音。

2. 发射机原理

驻极体传声器 BM 将声波转换为音频电信号，经过 R1、R2、C1 阻抗均衡后，由 VT1 进行调制放大。C2、C3、C4、C5、L1 以及 VT1 的结电容 C_{CE} 构成一个 LC 振荡电路，在调频电路中，很小的电容变化也会引起很大的频率变化。当电信号变化时，相应的 C_{CE} 也会有变化，这样频率就会有变化，就达到了调频的目的。调频信号经 C6 耦合至发射管 VT2，经 VT2 放大后通过天线 TX、C7 向外发射调频无线电信号。

如果要实现对讲功能，需装配 2 只（1 对）本机。

3. D1800 内部电路组成

D1800 是单片 AM/FM 收音机电路，D1800 内部电路组成如图 4-22 所示。D1800 的 FM 部分包括混频、本机振荡（本振）、中频放大（中放）、相移、鉴频、静噪、前置放大、低通滤波等，此外还有音频功放电路。信号在 D1800 内部的处理流程如图中箭头所示。

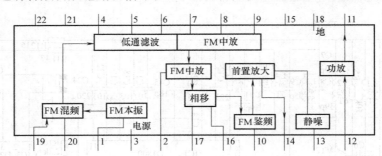

图 4-22　D1800 内部电路组成

D1800 各引脚功能是：1 脚是 FM 本振，2 脚为 AM 高频控制，3 脚为电源，4～9 脚为低通滤波，10 脚为 FM 鉴频，11 脚为低频功放输出，12 脚为低频功放输入，13 脚为静噪，14 脚为前置放大输出，15 脚为 AM/FM 转换开关，16 和 17 脚为移相端，18 脚接地，19 脚为 FM 高频信号输入，20 脚是混频旁路，21 脚为 AGC 滤波，22 脚为 AM 信号输入。

4.5.2　电路装配

1. 装配准备及工艺要求

1）检查元器件的质量，并及时更换不合格的元件。

2）确定元器件的安装方式，由孔距决定，并对照电路图核对印制电路板。

3）将元器件弯曲成形，本电路所有电阻均采用立式插装，尽量将元器件上的字符置于易观察的位置，字符应从左到右，从上到下，便于以后检查。将元器件引脚上锡，以便于焊接。

4）插装。对照电路图对号插装，有极性的元器件要注意极性，如集成电路的脚位等。

5）焊接。各焊点加热时间及用锡量要适当，防止虚焊、错焊、短路。其中耳机插座、晶体管等焊接时要快，以免烫坏。

6）焊接后剪去多余引脚，检查所有焊点，并对照电路图仔细检查。确认无误后方可通电调试。

2. 装配注意事项

1）一般先装低矮、耐热的元器件，最后装集成电路。

2）发光二极管应焊在印制电路板反面，对比好高度和孔位再焊接。

3）由于电路工作频率较高，安装时应尽量使元器件紧贴电路板，以免高频衰减而造成对讲距离缩短。

4）焊接前应将双连电容用螺钉固定好，应先剪去双连拨盘圆周内多余高出的引脚再焊接。

5）J1 可以用剪下的多余元器件引脚代替，J2 的引线用黄色导线连接，TX 的引线用略粗的黄色导线连接。

6）插装集成电路时一定要注意方向，保证集成电路的缺口与电路板上 IC 符号的缺口一一对应。

7）耳机插座上的脚要插好，否则后盖可能会盖不紧。

8）按钮 S1 外壳上端的脚要焊接起来，以保证外壳与电源负极连通。

9）电路板上的 VD 是多余的，可不焊接。

3. 装配步骤

调频收音、无线对讲两用机焊接图如图 4-23 所示。请按以下步骤进行焊接。

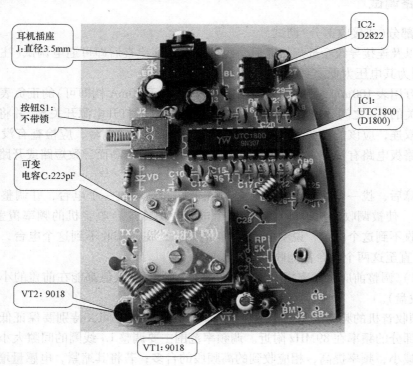

图 4-23 调频收音、无线对讲两用机焊接图

　　1）焊接电阻（共 13 只）：R1：120Ω；R2：4.7kΩ；R3：36kΩ；R4：100Ω；R5：10kΩ；R6：1kΩ；R7：5.1kΩ；R8：5.1kΩ；R9：560Ω；R10：2.2kΩ；R11：47Ω；R12：15Ω；R13：330Ω。

　　2）焊接电位器(1 只)和短接线 J1。

　　3）焊接瓷片电容（共 27 只）：C2：0.001μF；C3：39pF；C4：68pF；C5：6pF；C6：6pF；C7：39pF；C8：39pF；C9：15pF；C10：10pF；C11：39pF；C12：0.022μF；C13：0.022μF；C14：220pF；C15：18pF；C16：75pF；C17：100pF；C18：0.01μF；C19：33pF；C20：0.015μF；C21：0.01μF；C22：0.01μF；C23：0.1μF；C25：0.1μF；C26：0.015μF；C28：0.01μF；C29：0.01μF；C31：0.01μF。

　　4）焊接电解电容（共 4 只）：C1：0.47μF；C24：220μF；C27：10μF；C30：220μF。

　　5）焊接电感线圈（共 4 只）：L1：5 圈；L2：6 圈；L3：5 圈；L4：5 圈。

　　6）焊接发光二极管（LED）：VL，直径 3mm，红色。

　　7）焊接耳机插座；开关；可变电容；晶体管；集成电路：IC1 为 D1800（UTC1800）、IC2 为 D2822；耳机插座 J：直径 3.5mm；按钮 S1：不带锁；可变电容 C：223pF；晶体管 VT1、VT2：9018。

　　8）焊接跳线 J2、天线 TX（说明：VD 不用焊接）。

　　9）扬声器、传声器上导线的焊接；扬声器放在外壳中固定，焊接电池线；扬声器与电路板的连接；拉杆天线的固定和焊接。

4.5.3　电路调试

1. 收音部分（或接收部分）**调试**

　　元器件以及连接导线全部焊接完后，经过认真仔细检查后即可通电调试（注意最好不用充电电池，因为其电压太低，会使发射距离缩短）。

　　首先用万用表 100mA 电流档（其他档也行，只要大于 50mA 档即可）的正负表笔分别跨接在地与 S 开关的 GB 之间，这时读数应为 10～15mA。这时打开电源开关 S，并将音量开至最大，再细调双连，应该能够收到广播电台。若还收不到广播电台，应检查有没有元器件装错，印制电路板电路有没有短路或开路，有没有焊接质量不高而导致短路或开路等，还可以更换 IC1。

　　排除故障后，找一台标准收音机，分别在低端和高端收一个电台，并调整被调收音机 L4 的松紧度，使被调收音机也能收到这两个电台，那么这台收音机的频率覆盖就调好了。如果在低端收不到这个电台，说明应增加 L4 的匝数；在高端收不到这个电台，说明应减小 L4 的匝数，直至这两个电台都能收到为止。

　　注意：1）调整前应将频率指示标牌贴好，使整个圆弧数值都能在前盖的小孔内看得见（旋转调台拨盘）。

　　2）调频收音机的频率范围一定要保证在 88～108MHz 之间，特别要保证低端频率，因为无线发射部分的频率在 89MHz 附近。调频率范围主要调整 L4 线圈的间隙大小：若将其拉开，电感量减小，频率提高，相应收到的高频段的台多；若将其缩紧，电感量增大，频率减小，相应收到的低频段的台多。如果调不出低端，可以把 C11（39pF）的瓷片电容短接，这样低端频率可以保证达到 88MHz。高端频率会有损失，把 L4 稍微拉开一点，就可以使高端频率也能保证达到 108MHz，高低端频率可以兼顾。

2. 发射部分调试

首先将一台标准的调频收音机的频率指示调在 100MHz 左右，然后将被调收音机的发射部分的按钮 S1 按下，并调节 L1 的松紧度，使标准收音机有啸叫。若没有啸叫，则可将距离拉开 0.1~0.5m，直到有啸叫为止。然后再拉开距离对着驻极体拾音器讲话，若有失真，则可调整标准收音机的调台旋钮，直到消除失真，还可以调整 L2 和 L3 的松紧度，使距离拉得更开，信号更稳定。

若要实现对讲，请再装一台本套件并按同样的方法进行调整，对讲频率可以自己设定，如 88MHz、98MHz、108MHz、…，通过设定频率可以实现保密，也不至于相互干扰。这样，一台自己亲自动手制作的对讲机就完成了。

复习思考题

4.5.1　试说明图 4-21 所示的调频收音、无线对讲两用机电路原理图中的各元器件的作用。

4.5.2　如何对图 4-21 所示的调频收音、无线对讲两用机电路进行调整？

习　　题

1. 某调频波表达式为 $u_{FM}(t) = 5\cos(2\pi \times 10^6 t + 2\sin 2\pi \times 10^3 t)\,V$，问该调频波的振幅、载波频率、调制信号频率、调频指数及最大频偏各是多少？

2. 若载波 $u_c(t) = 10\cos(2\pi \times 10^6 t)\,V$，调制信号 $u_\Omega(t) = 5\cos(2\pi \times 10^3 t)\,V$，且最大频偏 $\Delta f_m = 12\text{kHz}$，试写出调频波的表达式。

3. 有一调频波和调幅波，它们的载波均为 1MHz，调制信号均为 $u_\Omega(t) = 0.1\sin(2\pi \times 10^3 t)\,V$。调频时，已知调制灵敏度 $k_f = 1\text{kHz/V}$。

（1）比较这两个已调信号的带宽。

（2）调制信号改为 $u_\Omega(t) = 20\sin(2\pi \times 10^3 t)\,V$，问它们的带宽有何变化？

4. 变容二极管直接调频电路如图 4-24 所示，图中 L_1 和 L_3 是高频扼流圈，中心频率为 360MHz。

（1）画出振荡交流通路，说明振荡电路的类型。

（2）分析各元器件的作用。

（3）简述调频原理。

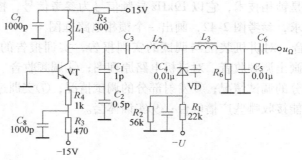

图 4-24　变容二极管直接调频电路

5. 实现鉴频的关键是，如何将等幅调频波变换成_____调频波，然后再进行 检波，就可以获得低频调制信号。

6. 鉴频灵敏度是指使鉴频器正常工作所需输入调频波的幅度，其值_____鉴频灵敏度越高。

7. 比例鉴频器电路如图 4-25 所示，这是图 4-9 叠加型相位鉴频器的改进型电路，图中 $C_4 = C_5$，$R_4 = R_5$。C_6 为大容量电容，它对调制信号视为短路，已知 u_{ao} 和 u_{bo} 的波形与图 4-9 中的 u_{ao} 和 u_{bo} 的波形相同，试定性画出 u_{o1}、u_{o2} 及 u_o 的波形（提示：$u_o = u_{o2} - (u_{o1} + u_{o2})/2$）。

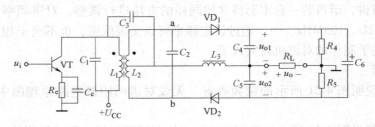

图 4-25　比例鉴频器电路

8. 对相位鉴频器加以改进，可得到比例鉴频器。比例鉴频器的_____比较低，但其最大优点是具有_____作用。

9. 当两个输入信号均为小信号时，乘法器具有_____鉴相特性；当两个输入信号均为大信号时，乘法器鉴相特性是_____特性。

10. 混频电路框图如图 4-26 所示，$u_i = 5\cos(2\pi \times 10^6 t + 2\sin 2\pi \times 10^3 t)$ V 是高频调频信号，u_L 是本振信号，频率 $f_L = 1.2\text{MHz}$。

（1）简述混频工作原理。

（2）带通滤波器的中心频率应选为多大？带宽应选为多大？

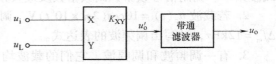

图 4-26　混频电路框图

11. 在调频立体声广播中，频率范围为_____ Hz 的 L 和 R 信号先经过_____ 处理，以提升高音；然后 L 和 R 信号送到加、减矩阵电路，产生 M =_____信号及 S =_____信号；S 信号又送到平衡调幅器，对频率为_____ MHz 的副载波进行平衡调幅，平衡调幅后的信号用 S′表示，频率范围为_____。

12. 如何产生一个与信号保持同步的 38kHz 开关信号，是开关式调频立体声解码器的关键。目前广泛采用的是锁相技术，它以 19kHz 导频信号为参考信号，控制锁相环形成 38kHz 开关信号。请根据要求，参考图 2-42，画出一个锁相电路框图。

13. 写出调频收音、对讲机装配与调试的实训报告，实训报告的内容包括：①实训目的；②实训器材；③画出调频收音、对讲机电路原理图；④调频收音、对讲机电路各元器件作用说明；⑤接收部分的调试情况；⑥发射部分的调试情况；⑦实训过程中曾排除了哪些故障；⑧调频收音部分能接收哪些广播电台；⑨实训体会。

第5章 电视广播与接收技术

广播就是通过无线电波或传输线向广大地区播送音响、图像节目。只播送声音的，称为"声音广播"，简称"广播"；播送图像和声音的，称为"电视广播"，简称"电视"。电视广播具有声画同步、视听兼备、感染力强等特点。

电视广播的产生是人类社会发展、科技进步的结果。电视发明于20世纪20年代，1936年英国广播公司建立了第一座电视台，正式播出节目。我国第一座电视台是1958年5月1日试播的北京电视台，同年9月正式播出，1978年改称为中央电视台。

5.1 电视广播技术基础

5.1.1 CRT图像显示原理

电视接收机虽然已进入液晶(LCD)电视机时代，但液晶电视机是在显像管(CRT)电视机的基础上产生的，电视广播技术参数都是针对CRT电视机的。为此，介绍电视广播技术参数还是要从CRT图像显示原理谈起。

1. CRT中的电子束扫描

1897年，德国物理学家布劳恩(Braun)发明了阴极射线管(Cathode Ray Tube, CRT)，阴极射线管显示器简称显像管，彩色显像管结构如图5-1所示。

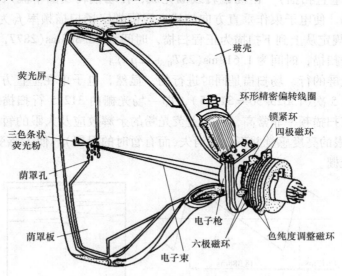

图5-1　彩色显像管结构

彩色显像管是由玻壳、电子枪、荧光屏三部分组成，玻壳内抽成真空，荧光屏内侧涂敷红(R)、绿(G)、蓝(B)三种荧光粉。电子枪的作用是发射电子束，它由灯丝、阴极、栅极、加速极、聚焦极、高压极组成，其中有 R、G、B 三个阴极，分别发射受 R、G、B 三基色信号调制的三支电子束，栅极控制电子束的大小，加速极对电子束进行加速，聚焦极将电子束聚成细束，高压极吸引电子束轰击荧光屏。

当轰击荧光屏的电子束不发生任何偏转时，则电子束会始终轰击在荧光屏中心一个点上，此时荧光屏只有一个亮点。为了使整个荧光屏都发光，必须在管锥根部套一只偏转线圈，使电子束在偏转磁场的作用下发生水平、垂直方向偏转，这又称电子束扫描。

（1）行扫描（水平扫描）　行扫描示意图如图 5-2 所示，行扫描由行偏转线圈完成，在行偏转线圈中流入行频锯齿波电流，产生垂直方向磁场，使电子束作水平方向扫描。我国规定行扫描频率 f_H 为 15625Hz，行扫描周期 T_H 为 64μs。并规定从左到右扫描为正程扫描，时间为 52μs；规定从右到左扫描为逆程扫描，时间为 12μs。

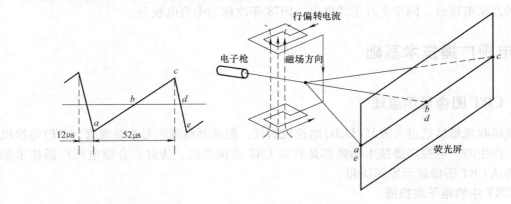

图 5-2　行扫描示意图

（2）场扫描（垂直扫描）　由场偏转线圈完成，在场偏转线圈中流入场频锯齿波电流，产生水平方向磁场，使电子束作垂直方向扫描。我国规定场扫描频率 f_V 为 50Hz，场扫描周期 T_V 为 20ms。并规定从上到下扫描为正程扫描，时间为 18.388ms（$287T_H + 20$μs）；规定从下到上扫描为逆程扫描，时间为 1.612ms（$25T_H + 12$μs）。

电子束对荧光屏的行、场扫描是同时进行的，显然，电子束在垂直方向来回扫描一次，水平扫描就有 312.5 次（15625/50 = 312.5），即一场光栅由 312.5 行扫描线组成，如图 5-3 所示。由于电子束扫描频率非常高，再加上荧光粉的余辉效应及人眼的暂留视觉特性（当一个光点消失时，人眼的亮度感觉并不立即消失，而有暂时的保留），使人感受到荧光屏整屏连续发光，这就是光栅。

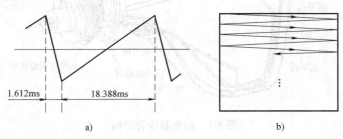

a)　　　　　　　　　　　　b)

图 5-3　场锯齿波电流与行、场扫描

在电子束扫描的基础上，再在显像管 R、G、B 阴极加图像信号，该信号使电子束电流强弱按照图像信号的规律性进行变化，使荧光屏重现图像。

2. 扫描技术参数

我国电视广播国家标准规定，一秒钟发送 25 幅图像信号，一幅的专业术语叫一帧，每帧又由 625 行扫描线组成，每帧分两场隔行扫描，每场由 312.5 行扫描线组成。扫描技术参数如下：

行频：$f_H = 15625\text{Hz}$

行周期：$T_H = 1/f_H = 64\mu s$

行正程扫描时间：$T_{Ht} = 52\mu s$

行逆程扫描时间：$T_{Hr} = 12\mu s$

场频：$f_V = 50\text{Hz}$

场周期：$T_V = 1/f_V = 20\text{ms}$

场正程扫描时间：$T_{Vt} = 18.388\text{ms} = 287T_H + 20\mu s$

场逆程扫描时间：$T_{Vr} = 1.612\text{ms} = 25T_H + 12\mu s$

每帧图像的扫描线越多，图像的垂直方向像素也越多，图像的垂直清晰度也越高。由于人眼在一定距离内分辨图像细节的能力有限，因此每帧行数也不需要过多。

3. 隔行扫描

如果对一帧图像中的 625 行电子束一行接一行地扫描，这种扫描称为逐行扫描，如图 5-4a 所示。隔行扫描就是将一帧图像分为两场扫描，先扫描 1、3、5、…行，称为奇数场，再扫描 2、4、6、…行，称为偶数场，如图 5-4b 所示。

我国电视广播采用隔行扫描，规定每秒钟发送 25 幅图像信号，从而使图像信号的频宽仅为 0 ~ 6MHz；当一幅图像分为奇、偶两场进行隔行扫描时，使场扫描频率达到 50Hz，从而消除了扫描频率低引起的闪烁感。

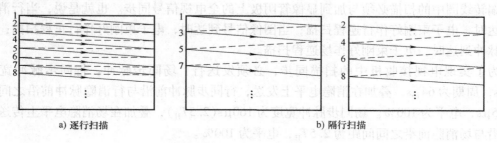

a) 逐行扫描　　　　　　　　　　　　　　　　　b) 隔行扫描

图 5-4　逐行扫描与隔行扫描

5.1.2　一行电视信号的组成

电视信号又称为视频（VIDEO）信号，它由图像信号、复合消隐信号、复合同步信号三部分组成。图 5-5 是反映屏幕黑白画面的一行全电视信号。

1. 图像信号

反映屏幕黑白画面的图像信号，又称亮度信号。图像信号反映图像内容，它由摄像管行正程扫描产生，规定 75% 为黑色电平，12.5% 为白色电平，一行时间宽度为 52μs。图 5-5 是有规则的图像信号，它是白、浅灰、浅黑垂直条图像的信号。对于不规则的图像，信号波

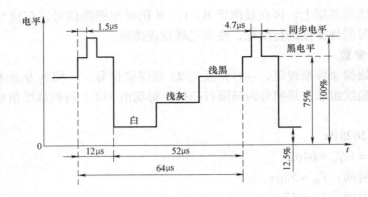

图 5-5　一行全电视信号

形就不规则了，图像内容越复杂，信号的频率成分越丰富，我国图像信号的频率范围是 $0 \sim 6MHz$。

如果要使电视机屏幕重现彩色画面，则还要有一个色度信号和色同步信号（下一节介绍）。

2. 复合消隐信号

复合消隐信号是一种脉冲信号，它包括行消隐脉冲与场消隐脉冲。行消隐脉冲的作用消除水平回扫线，使显像管电子束在行逆程扫描期间截止。行消隐脉冲的宽度为 $12\mu s$，电平为 75% 黑电平，周期为 $64\mu s$。

场消隐脉冲的作用是消除垂直回扫线，使显像管电子束在场逆程扫描期间截止。场消隐脉冲的宽度为 $1.612ms(25T_H + 12\mu s)$，电平为 75% 黑电平，周期为 20ms。

3. 复合同步信号

复合同步信号也是一种脉冲信号，它包括行同步脉冲与场同步脉冲。所谓同步就是指显像管偏转线圈中的扫描必须与加到显像管阴极上的全电视信号同步。也就是说，当行消隐脉冲到达时，电子束刚好作行逆程扫描；当图像信号到达时，电子束刚好作行正程扫描；当场消隐脉冲到达时，电子束刚好作场逆程扫描。

为了实现电视接收机中的扫描同步，必须发送行、场同步脉冲。行同步脉冲宽度为 $4.7\mu s$，周期为 $64\mu s$，叠加在消隐电平上发送，行同步脉冲前沿与行消隐脉冲前沿之间间距为 $1.5\mu s$，电平 100%。场同步脉冲宽度为 $160\mu s(2.5T_H)$，叠加在场消隐电平上传送，它的前沿与场消隐前沿之间间距为 $2.5T_H$，电平 100%。

5.1.3　电视信号的调制与频道划分

电视信号只有对高频载波进行调制才能以无线电波（或传输线）的形式进行传送，不同的电视台，可选用不同的载波频率，即选用不同的频道，这样便于接收机选台。

1. 图像信号的残留边带调幅

目前，图像信号均采用调幅方式发送。$0 \sim 6MHz$ 的图像信号对载波进行调幅后，图像高频载波为 f_P，上边带的最高频率为 $f_P + 6MHz$，下边带的最低频率为 $f_P - 6MHz$，可见高频图像信号的频宽为 $12MHz$。要传送频带如此宽的信号，会使电视设备复杂、昂贵，另外又使得在一定频段内可设置的频道数量减小。

为了减小频宽，只要发送调幅波的上边带或下边带即可。我国电视制式规定，除发送上边带外，还发送 0 ~ 0.75MHz 的下边带，即 0 ~ 0.75MHz 低频图像信号仍采用双边带方式发送，0.75 ~ 6MHz 高频图像信号采用单边带方式发送，这种发送方式又称为残留边带调幅发送方式，其频谱如图 5-6 所示。

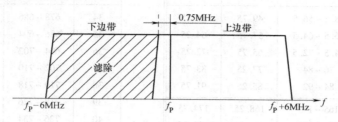

图 5-6　残留边带调幅频谱

2. 负极性调幅

图像信号对高频载波的调幅又分为正极性调幅和负极性调幅，如图 5-7 所示。

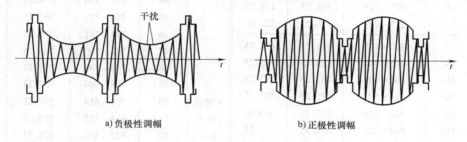

a) 负极性调幅　　　　　　　　　b) 正极性调幅

图 5-7　图像调幅波波形

所谓正极性调幅就是指画面越亮时调幅波的振幅越大，所谓负极性调幅就是指画面越亮时调幅波的振幅越小。负极性调幅具有节省发射功率等优点，目前各国电视广播都采用负极性调幅，我国也是如此。

3. 伴音信号的调频

伴音信号采用调频方式发送。为了与高频图像信号频谱不重叠而又接近，规定每个频道的伴音载频 f_S 比图像载频 f_P 高出 6.5MHz。为了提高伴音高频端的信噪比，调频前先对伴音信号进行预加重处理（提升高音），即人为地提升伴音高音分量的幅度，预加重时间常数为 50μs。

4. 高频电视信号频谱

调频伴音信号与调幅图像信号混合在一起，统称为高频电视信号，其频谱结构如图 5-8 所示。以 4 频道为例，图像载频 f_P 为 77.25MHz，伴音载频 f_S 为 83.75MHz，频道宽度为 8MHz，频率范围为 76 ~ 84MHz。

5. 电视频道划分

我国电视频道划分见表 5-1，每个电视频道带宽为 8MHz，所以相邻频道的图

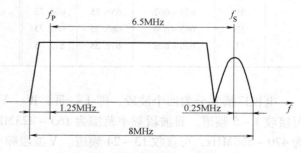

图 5-8　高频电视信号频谱结构

像载频（或伴音载频）相差 8MHz。

表 5-1　我国电视频道划分

波段	频道	频率范围/MHz	图像载频/MHz	伴音载频/MHz	波段	频道	频率范围/MHz	图像载频/MHz	伴音载频/MHz
I 波段（米波）	1	48.5~56.5	49.75	56.25		34	678~686	679.25	685.75
	2	56.5~64.5	57.75	64.25		35	686~694	687.25	693.75
	3	64.5~72.5	65.75	72.25		36	694~702	695.25	701.75
	4	76~84	77.25	83.75		37	702~710	703.25	709.75
	5	84~92	85.25	91.75		38	710~718	711.25	717.75
III 波段（米波）	6	165~175	168.25	174.75		39	718~726	719.25	725.75
	7	175~183	176.25	182.75		40	726~734	727.25	733.75
	8	183~191	184.25	190.75		41	734~742	735.25	741.75
	9	191~199	192.25	198.75		42	742~750	743.25	749.75
	10	199~207	200.25	206.75		43	750~758	751.25	757.75
	11	207~215	208.25	214.75		44	758~766	759.25	765.75
	12	215~223	216.25	222.75		45	766~774	767.25	773.75
IV 波段（分米波）	13	470~478	471.25	477.75		46	774~782	775.25	781.75
	14	478~486	479.25	485.75		47	782~790	783.25	789.75
	15	486~494	487.25	493.75		48	790~798	791.25	797.75
	16	494~502	495.25	501.75		49	798~806	799.25	805.75
	17	502~510	503.25	509.75	V 波段（分米波）	50	806~814	807.25	813.75
	18	510~518	511.25	517.75		51	814~822	815.25	821.75
	19	518~526	519.25	525.75		52	822~830	823.25	829.75
	20	526~534	527.25	533.75		53	830~838	831.25	837.75
	21	534~542	535.25	541.75		54	838~846	839.25	845.75
	22	542~550	543.25	549.75		55	846~854	847.25	853.75
	23	550~558	551.25	557.75		56	854~862	855.25	861.75
	24	558~566	559.25	565.75		57	862~870	863.25	868.75
V 波段（分米波）	25	606~614	607.25	613.75		58	870~878	871.25	877.75
	26	614~622	615.25	621.75		59	878~886	879.25	885.75
	27	622~630	623.25	629.75		60	886~894	887.25	893.75
	28	630~638	631.25	637.75		61	894~902	895.25	901.75
	29	638~646	639.25	645.75		62	902~910	903.25	909.75
	30	646~654	647.25	653.75		63	910~918	911.25	917.75
	31	654~662	655.25	661.75		64	918~926	919.25	925.75
	32	662~670	663.25	669.75		65	926~934	927.25	933.75
	33	670~678	671.25	677.75		66	934~942	935.25	941.75
						67	942~950	943.25	949.75
						68	950~958	951.25	957.75

　　电视广播共分为四个波段，即 I、III、IV、V 波段。I 波段频率范围为 48.5~92MHz，可接收 1~5 频道。III 波段频率范围为 165~223MHz，可接收 6~12 频道。IV 波段频率范围为 470~566MHz，可接收 13~24 频道。V 波段频率范围为 606~958MHz，可接收 25~68 频道。I 波段和 III 波段又统称为甚高频（VHF）波段，IV 波段和 V 波段又统称为超高频（UHF）

波段。

复习思考题

5.1.1　什么是电视机中的隔行扫描？为什么要采用隔行扫描？

5.1.2　黑白图像信号由哪些信号组成？

5.1.3　为什么图像信号采用残留边带调幅发射方式？

5.2　电视信号的编码与解码

5.2.1　色度学知识

1. 光与彩色

由光学理论可知，光是一种以电磁波形式存在的物质，能引起人眼视觉反映的光称为可见光，它是波长为 $380 \sim 780nm$ 范围内的电磁波。不同波长的光入射到人眼会引起不同的颜色感觉，如 $400nm$ 左右波长的光，给人以紫色的感觉，而 $700nm$ 左右波长的光，给人以红色的感觉。$380 \sim 780nm$ 波长范围内的光，其颜色按红、橙、黄、绿、青、蓝、紫次序排列，见表5-2。如果将所有波长的光均等地混合在一起，则给人以白色的感觉。

表5-2　光的波长与颜色的关系

颜色	红	橙	黄	绿	青	蓝	紫
波长/nm	$630 \sim 780$	$600 \sim 630$	$580 \sim 600$	$510 \sim 580$	$490 \sim 510$	$430 \sim 490$	$380 \sim 430$

2. 彩色三要素

彩色光可用亮度、色调、色饱和度三个物理量来描述，这三个物理量又称为彩色三要素。

亮度：是指光的作用强弱，它由光的辐射功率及人眼视敏度特性决定。

色调：是指光的颜色，由作用到人眼的入射光波长成分决定。

色饱和度：是指彩色的浓淡，与掺白光的多少有关。

3. 视觉特性

（1）亮度特性　对于同一波长的光，当光的辐射功率不同时，则给人的亮度感觉也不同。但如果辐射功率相同而波长不同，则给人的亮度感觉也是不同的。这种不同，通常用相对视敏度曲线来表示，如图5-9所示。

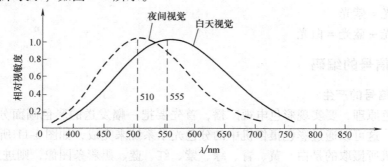

图5-9　相对视敏度曲线

从图中可以看出，夜间视觉对 510nm 波长的光最敏感，白天视觉对 555nm 波长的黄绿光最敏感。需要指出的是，对于不同的人，相对视敏度曲线会稍有差异。

（2）彩色分辨力特性　人眼对彩色细节的分辨力比对黑白亮度的分辨力要低。根据这一特性，彩色电视广播用 0～6.0MHz 宽带来传送亮度信号，用 0～1.3MHz 窄带来传送色度信号，这就像大面积着色的绘画方法一样，同样能获得令人满意的彩色图像。

（3）彩色视觉的非单值性　例如，波长为 600nm 的光波能引起人眼黄色感觉，但当 750nm 波长的红光和 550nm 波长的绿光共同作用于人眼时，同样会引起黄色感觉。又例如，当不同波长的红、绿、蓝单色光以适当的比例混合时，可以使人眼获得白色感觉。以上事实说明，虽然特定波长的光波能使人眼产生特定的色调，但却不能反过来根据人眼的色调感觉去判断光的波长，这一特性就称为人眼彩色视觉的非单值性。

4. 三基色原理

三基色原理是色度学的基础理论之一，也是实现彩色电视广播的理论根据。三基色原理的主要内容是：自然界几乎所有的彩色，都可以用三种基色光按一定的比例混合产生；反之，自然界中的所有彩色，都可以分解为三种基色光。需要说明的是，三种基色的选择不是唯一的，但要求相互独立，即其中一种基色不能由其他两种基色混合产生。在彩色电视系统中，选用红、绿、蓝作为三基色。

三基色与混合色的关系是：

1）三种基色的混合比例，决定混合色的色调与色饱和度。

2）混合色的亮度等于参与混合的各个基色的亮度之和。

三基色原理是实现彩色电视广播的理论根据，传送了三基色信号，也就是传送了图像中的彩色三要素信息。在发送端，利用彩色摄像机将自然界彩色光分解为红、绿、蓝三基色光，并转换成三基色信号。在接收端，彩色显像管均匀地涂有红、绿、蓝三种荧光粉，如果红、绿、蓝荧光粉按三基色信号规律发光，就能重现彩色图像。

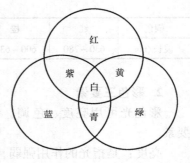

图 5-10　相加混色

如果在白色屏幕上投射红、绿、蓝三基色光，如图 5-10 所示，在红、绿、蓝光束之间重影处，有下列混合色调产生：

红光 + 绿光 = 黄光

绿光 + 蓝光 = 青光

蓝光 + 红光 = 紫光

红光 + 绿光 + 蓝光 = 白光

5.2.2　电视信号的编码

1. 三基色信号的产生

根据三基色原理，要实现彩色电视广播，首先要把一幅发送的彩色画面分解为红、绿、蓝三基色信号，这可以通过彩色摄像机中的分色光学系统来完成，如图 5-11 所示。

假如摄像机所摄取的是白、黄、青、绿、紫、红、蓝、黑彩条图像，则进入物镜的彩色光被棱镜与反射镜分解为红、绿、蓝三种基色光。三种基色光进入相应的摄像管靶面，三支

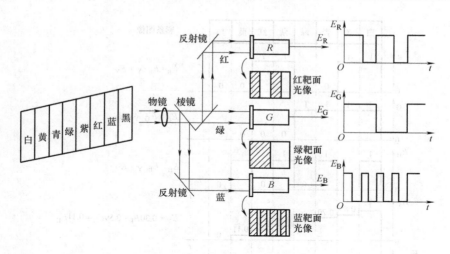

图 5-11　图像三基色的分解

摄像管的电子束同步地在自己的靶面上扫描，把基色光变化转换成 E_R、E_G、E_B 三基色信号。

2. 亮度信号与色差信号

为了与黑白电视广播实现兼容，彩色电视广播必须传送一个亮度信号。根据三基色与三要素的关系可知，混合光的亮度为三基色光的亮度之和；又根据人眼相对视敏度特性可知，红、绿、蓝三基色信号中的亮度成分又是不一样的，视敏度高的基色（如绿色）含有的亮度成分多一些。于是，亮度信号 E_Y 可根据亮度方程式产生，亮度方程式为

$$E_Y = 0.30E_R + 0.59E_G + 0.11E_B \tag{5-1}$$

色差信号就是基色信号与亮度信号之差，即

$$\begin{aligned}
E_{R\text{-}Y} &= E_R - E_Y \\
E_{G\text{-}Y} &= E_G - E_Y \\
E_{B\text{-}Y} &= E_B - E_Y
\end{aligned} \tag{5-2}$$

式中，$E_{R\text{-}Y}$ 为红色差信号；$E_{G\text{-}Y}$ 为绿色差信号；$E_{B\text{-}Y}$ 为蓝色差信号。

由于亮度信号已从三基色中抽离出来单独传送，若再传送基色信号，因基色信号中含有亮度成分，则势必造成亮度成分传送的重复。色差信号不含有亮度成分，仅代表了色调与色饱和度，因而应传送色差信号。

以传送彩条图像为例，亮度信号与色差信号波形如图 5-12 所示。

在三个色差信号中，相互之间并不是独立的，其中某一个色差信号可以由另外两个色差信号按特定的比例混合产生。推导如下：

$$E_Y = 0.30E_R + 0.59E_G + 0.11E_B$$
$$0.30E_Y + 0.59E_Y + 0.11E_Y = 0.30E_R + 0.59E_G + 0.11E_B$$
$$0.30(E_R - E_Y) + 0.59(E_G - E_Y) + 0.11(E_B - E_Y) = 0$$
$$0.30E_{R\text{-}Y} + 0.59E_{G\text{-}Y} + 0.11E_{B\text{-}Y} = 0$$

在实际彩色电视广播中，只传送了 $E_{R\text{-}Y}$、$E_{B\text{-}Y}$ 两个色差信号，而 $E_{G\text{-}Y}$ 色差信号不传送，$E_{G\text{-}Y}$ 色差信号将来在接收机中按下式混合产生：

$$E_{G\text{-}Y} = -\frac{0.30}{0.59}E_{R\text{-}Y} - \frac{0.11}{0.59}E_{B\text{-}Y} = -0.51E_{R\text{-}Y} - 0.19E_{B\text{-}Y} \tag{5-3}$$

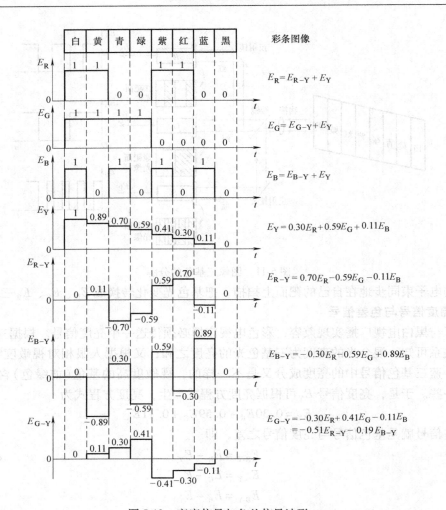

图 5-12　亮度信号与色差信号波形

因式子中的系数 0.51、0.19 均小于 1，故 E_{G-Y} 可用简单的电阻衰减式矩阵就可以复原。

目前彩色电视广播均传送 E_Y、E_{R-Y}、E_{B-Y} 三个信号，在电视接收机中要复原出 E_R、E_G、E_B 三基色信号也是很方便的，首先利用 E_{R-Y}、E_{B-Y} 信号来混合成 E_{G-Y} 信号，然后只要将 E_{R-Y}、E_{G-Y}、E_{B-Y} 三个色差信号分别与 E_Y 信号相加，就方便地获得了 E_R、E_G、E_B 三基色信号。

3. PAL 制编码框图

传送一个亮度信号及两个色差信号，较满意地解决了兼容问题。为了使两个色差信号和一个亮度信号在同一个 0～6MHz 带宽通道内互不干扰地传送，必须对两个色差信号进行编码处理。NTSC 制处理方法是"正交平衡调幅"，PAL 制处理方法是"逐行倒相正交平衡调幅"，SECAM 制处理方法是"调频且轮行传送"。

PAL 制是 1962 年德国德律风根（Telefunken）公司研制成功的兼容制彩色电视制式，PAL 是逐行倒相（Phase Alternation by Line）的英文缩写。采用 PAL 制作为彩色电视广播的国家有德国、中国、英国及西欧一些国家。PAL 制编码框图如图 5-13 所示。

4. 色差信号的幅度压缩与频带压缩

（1）幅度压缩　色差信号 E_R、E_G、E_B 信号送入矩阵电路，除产生 E_Y、E_{R-Y}、E_{B-Y} 三个

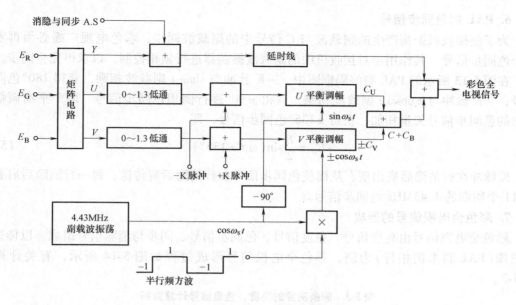

图 5-13　PAL 制编码框图

信号外，还要对 E_{R-Y}、E_{B-Y} 两个色差信号进行幅度压缩，压缩后的色差信号分别称为 U、V 信号，即

$$U = 0.493E_{B-Y} \qquad V = 0.877E_{R-Y} \qquad (5-4)$$

（2）频带压缩　由于人眼对彩色细节的分辨力低于对黑白亮度细节的分辨力，为了节省频带，应该对色差信号的频带进行压缩，即用 0 ~ 1.3MHz 窄带来传送色差信号，用 0 ~ 6MHz 宽带来传送亮度信号，这种方法又称为大面积着色法。

5. 逐行倒相正交平衡调幅

（1）调幅　为实现兼容，色差信号要对副载波进行调幅处理，以便将色差信号频谱移到副载波两侧。

（2）平衡调幅　由于普通调幅的幅度太大，必须采用平衡调幅。平衡调幅波的数学表达式为 $U\sin\omega_s t$。平衡调幅就是色差信号 U 与副载波 $\sin\omega_s t$ 相乘。副载波频率选为 $f_S = 283.75f_H + 25\text{Hz} = 4.43361875\text{MHz} \approx 4.43\text{MHz}$。

（3）正交　由于色差信号有两个，故在平衡调幅时，U 色差信号对 $\sin\omega_s t$ 副载波进行平衡调幅，V 色差信号对 $\cos\omega_s t$ 副载波进行平衡调幅，$\sin\omega_s t$ 与 $\cos\omega_s t$ 相差 90°，相互垂直，彼此不影响，这就是"正交"的意思。正交的目的是，当 $U\sin\omega_s t$ 和 $V\cos\omega_s t$ 两个平衡调幅波混合后，使今后在接收机中能根据其相位正交这个特点，来实现两者的相互分离。

（4）逐行倒相　PAL 制对 $V\cos\omega_s t$ 信号进行逐行倒相传送，即 n 行为 $+V\cos\omega_s t$，第 $n+1$ 行为 $-V\cos\omega_s t$，第 $n+2$ 行又为 $+V\cos\omega_s t$，……PAL 制的色度信号简单地表示为

$$\begin{aligned} C &= U\sin\omega_s t \pm V\cos\omega_s t \\ &= \sqrt{U^2 + V^2}\sin(\omega_s t \pm \varphi) \\ &= C_m\sin(\omega_s t \pm \varphi) \end{aligned} \qquad (5-5)$$

式中，$C_m = \sqrt{U^2 + V^2}$；$\varphi = \arctan V/U$；$\pm$ 代表逐行倒相；C_m 表示色度信号的振幅，代表着色饱和度要素；φ 表示色度信号的相位，代表着色调要素。

6. PAL 制色同步信号

为了使接收机振荡产生的副载波与 C 信号中的副载波同步，彩色电视广播必须再发送一个色同步信号，其作用是对接收机中的副载波振荡器进行锁相控制，以求得完全同步。

在图 5-13 所示的 PAL 制编码框图中，$-K$ 脉冲与 $\sin\omega_s t$ 副载波相乘，获得 $180°$ 色同步信号；$+K$ 脉冲与 $\pm\cos\omega_s t$ 副载波相乘，获得 $\pm90°$ 逐行倒相色同步信号。两个平衡调幅器输出的色同步信号矢量相加，获得 $\pm135°$ 色同步信号，即

$$C_{\mathrm{B}} = \frac{B}{2}\sin(\omega_s t \pm 135°) \tag{5-6}$$

K 脉冲在行消隐后肩出现，从而使色同步信号在行消隐后肩传送，每一行消隐后肩叠加 $9\sim11$ 个周期的 $4.43\mathrm{MHz}$ 色同步信号。

7. 彩色全电视信号的形成

彩色全电视信号由亮度信号、色度信号、色同步信号、同步与消隐信号组成。以传送彩条图像（PAL 制未倒相行）为例，彩色全电视信号形成过程如图 5-14 所示，有关计算见表 5-3。

表 5-3　彩条图像的亮度、色度信号计算数据

彩色	Y	U	V	C_{m}	$\varphi/(°)$	$Y \pm C_{\mathrm{m}}$
白	1	0	0	0	—	1
黄	0.89	-0.436	0.100	0.448	167	$0.45 \sim 1.33$
青	0.70	0.147	-0.615	0.632	283.5	$0.07 \sim 1.33$
绿	0.59	-0.289	-0.515	0.591	240.7	$0 \sim 1.18$
紫	0.41	0.289	0.515	0.591	60.7	$-0.18 \sim 1.00$
红	0.30	-0.147	0.615	0.632	103.5	$-0.33 \sim 0.93$
蓝	0.11	0.436	-0.100	0.448	347	$-0.33 \sim 0.55$
黑	0	0	0	0	—	0

彩色全电视信号又称为视频信号（VIDEO），有时也用 CVBS 表示，CVBS 是 Composite Video Broadcast Signal（复合视频广播信号）的缩写。彩色全电视信号的频率范围为 $0\sim6.0\mathrm{MHz}$，如果信号以无线电波的形式传送，则信号必须对高频载波进行调幅处理，调幅后信号称为高频电视信号（RF）。

5.2.3　电视信号的接收与解码

1. 电视信号接收的基本电路

RF 电视信号接收电路框图如图 5-15 所示。

（1）高频调谐器　高频调谐器俗称高频头，它由高放、本机振荡和混频电路组成，封装在一个金属屏蔽盒中，其功能是变频与选台。RF 电视信号先送入高频调谐器，经高频放大后，在混频级中与本机振荡器产生的高频振荡信号进行混频，产生载频为 $38\mathrm{MHz}$ 的图像中频信号及 $31.5\mathrm{MHz}$ 的伴音中频信号输出，也就是将欲观看频道的高频电视信号变换成中频电视信号，这就是变频。改变本机振荡的频率就可以实现选择频道。

（2）中频放大级　中频放大级一般由三级放大组成，它专门放大高频调谐器输出的微

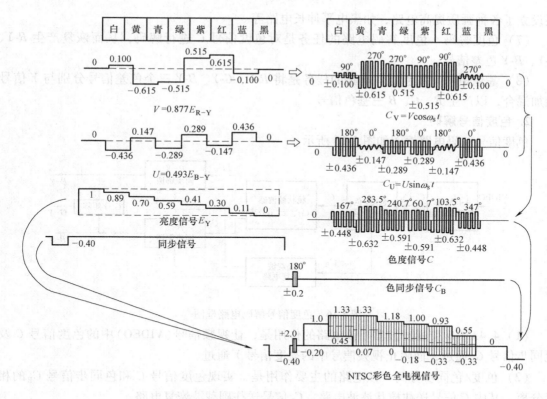

图 5-14　彩色全电视信号形成过程

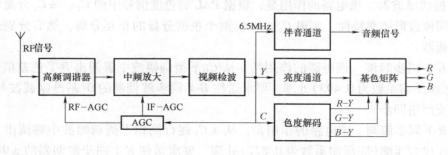

图 5-15　RF 电视信号接收电路框图

弱的中频电视信号，增益一般为 60 ~ 80dB。

（3）视频检波级　视频检波级有两个功能，一是从 38MHz 图像中频信号调幅波中检出视频信号；二是将 31.5MHz 伴音中频信号与 38MHz 图像中频信号进行一次混频，以产生 6.5MHz 的差频信号，此信号又称为第二伴音中频信号，它仍然是一个调频信号。

（4）伴音通道　伴音通道由伴音中频放大、鉴频、音频放大组成。伴音中频放大对 6.5MHz 伴音信号进行选频放大，鉴频的功能是从 6.5MHz 调频信号中解调出音频信号，音频放大的功能是对音频信号进行电压和功率放大。

（5）AGC　AGC 电路包括 AGC 检波、AGC 放大、AGC 延迟等，其功能是对中放级和高放级的增益进行自动控制，当接收强信号时，AGC 起控使电路的增益下降。

（6）亮度通道　亮度通道的任务对亮度信号 Y 进行放大、延时等处理，有些亮度通道还设立了各种画质提高电路，如黑电平伸长电路等。

（7）色度解码　色度解码电路的任务是对色度信号 C 进行解码，从而恢复产生 R-Y、G-Y、B-Y 色差信号。

（8）基色矩阵　基色矩阵电路的任务是将 R-Y、G-Y、B-Y 三个色差信号分别与 Y 信号相加混合，以产生 R、G、B 三基色信号。

2. 色度信号解码

色度信号解码电路框图如图 5-16 所示。

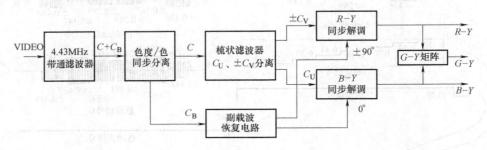

图 5-16　色度信号解码电路框图

（1）4.43MHz 带通滤波器　该电路的作用是，让视频信号（VIDEO）中的色度信号 C 及色同步信号 C_B 通过，而阻止视频信号中的亮度信号 Y 通过。

（2）色度/色同步分离　该电路的主要作用是，实现色度信号 C 和色同步信号 C_B 的相互分离，其中 C 信号送往梳状滤波电路，C_B 信号送往副载波恢复电路。

（3）梳状滤波器　该电路的作用是，根据 PAL 制色度信号中的 C_U、$\pm C_V$ 分量频谱交叉特点，利用梳齿形频率特性，实现 C_U、$\pm C_V$ 两个色度分量的相互分离，然后分别送往各自的同步解调器。

（4）B-Y 同步解调　该电路的作用是，从 C_U 平衡调幅波中解调出 B-Y 色差信号，并完成去压缩（原压缩系数为 0.493）处理。要求送往 B-Y 同步解调器的 0° 基准副载波与 C_U 信号中的副载波严格同步。

（5）R-Y 同步解调　该电路的作用是，从 $\pm C_V$ 逐行倒相平衡调幅波中解调出 R-Y 色差信号，并完成去压缩（原压缩系数为 0.877）处理。要求送往 R-Y 同步解调器的 $\pm 90°$ 基准副载波与 $\pm C_V$ 信号中的副载波严格同步。

（6）G-Y 矩阵　该电路的作用是，根据 $G\text{-}Y = -0.51(R\text{-}Y) - 0.19(B\text{-}Y)$ 公式，将 R-Y 信号与 B-Y 信号混合成 G-Y 信号输出。

（7）副载波恢复电路　该电路的作用是，在色同步信号的控制下，产生 B-Y 同步解调所需要的 0° 基准副载波，产生 R-Y 同步解调所需要的 $\pm 90°$ 基准副载波。

复习思考题

5.2.1　什么是彩色三要素？各要素分别由什么因素决定？

5.2.2　人的视觉特性有哪些？彩色图像大面积着色的依据是什么？

5.2.3　何谓三基色原理？三基色与混合色的关系如何？

5.2.4　为什么要发送色差信号？G-Y 信号为什么不发送？

5.2.5　彩色全电视信号由哪些信号组成？各信号的作用分别是什么？

5.3 液晶显示器结构与原理

5.3.1 液晶基础知识

在自然界中，大部分材料随温度的变化只呈现固态、液态和气态三种状态。液晶（Liquid Crystal）是不同于通常的固态、液态和气态的一种新的物质状态，它是能在某个温度范围内兼有液体和晶体两者特性的物质状态。

1. 液晶分子结构

液晶是一种介于固体与液体之间、具有规则性分子排列的有机化合物，常用液晶分子形状为细长棒形，长约为 10nm，宽约为 1nm。液体、液晶及晶体的分子结构比较如图 5-17 所示。液晶的分子指向有规律，而分子之间的相对位置无规律。前者使液晶具有晶体才有的各向异性，后者使之具有液体才有的流动性。

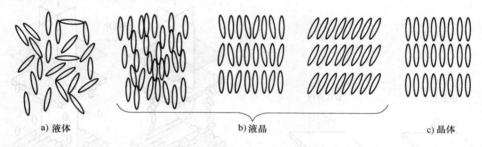

a) 液体　　　　　　　　　　b) 液晶　　　　　　　　　c) 晶体

图 5-17 液体、液晶及晶体的分子结构比较

2. 液晶基本性质

（1）边界取向性质　当无外场存在时，液晶分子在边界上的取向很复杂，在最简单的自由边界上，液晶分子的取向会随液晶材料的不同而不同，可以垂直、平行，可倾斜于边界，如图 5-18a 所示。如果边界是一层刻有凹凸沟槽的取向膜，则凹凸沟槽对液晶分子的取向起主导作用，通过摩擦，液晶分子就朝这个方向取向，如图 5-18b 所示。

（2）电气性质　液晶的电气性质如图 5-19 所示，在上下电极板之间加一电场时，电极板之间的液晶分子长轴就会沿着电场方向排列。这一电气性质是实现液晶显示的基础。

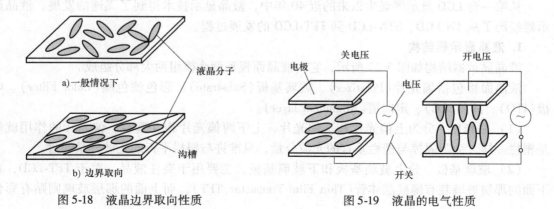

图 5-18 液晶边界取向性质　　　　　　　图 5-19 液晶的电气性质

（3）旋光性质　液晶的旋光性质如图 5-20 所示。若上、下玻璃基板取向膜沟槽相差某一角度，则在玻璃基板中同一平面上的液晶分子取向虽然一致，但相邻平面液晶分子的取向逐渐旋转扭曲。当可见光波长远小于液晶分子在玻璃基板间的旋转扭曲螺距时，则光矢量会同样随着液晶分子的旋转而跟着旋转，在出射时，光矢量转过的角度与液晶分子旋转扭曲角相同。

3. 液晶显示原理

在两片玻璃基板上装有取向膜，所以液晶会沿着沟槽取向，由于玻璃基板取向膜沟槽偏离 90°，所以液晶分子成为扭转形，当玻璃基板没有加入电场时，光线透过偏光板跟着液晶做 90°扭转，通过下方偏光片，液晶面板显示白色，如图 5-21a 所示。当在基板上加电场时，液晶分子产生配列变化，光线通过液晶分子空隙维持原方向，被下方偏光片遮蔽，光线被吸收无法透出，液晶面板显示黑色，如图 5-21b 所示。液晶显示器中的每一个液晶像素，便是根据此电压有无达到显示效果的。

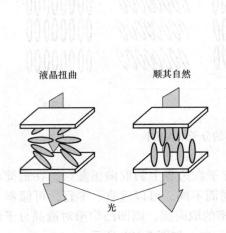

图 5-20　液晶的旋光性质

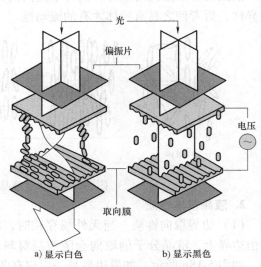

图 5-21　液晶显示原理图

5.3.2　TFT 液晶显示器结构与原理

从第一台 LCD 显示屏诞生以来的近 40 年中，液晶显示技术得到了飞速的发展。液晶显示器经历了从 TN-LCD、STN-LCD 到 TFT-LCD 的发展过程。

1. 液晶显示器结构

液晶显示器结构如图 5-22 所示，它由液晶面板和背光模组两大部分组成。

液晶面板包括偏光片（Polarizer）、玻璃基板（Substrate）、彩色滤色膜（Color Filter）、电极（ITO）、液晶（LC）、定向层（Alignment layer）。

（1）偏光片　分为上偏光片和下偏光片，上下两偏光片相互垂直。偏光片的作用就像是栅栏一样，会阻隔掉与栅栏垂直的光波分量，只准许与栅栏平行的光波分量通过。

（2）玻璃基板　分上玻璃基板和下玻璃基板，主要用于夹住液晶。对于 TFT-LCD，在下面的那层玻璃装有薄膜晶体管（Thin Film Transistor,TFT），而上面的那层玻璃则贴有彩色滤色膜。

（3）彩色滤色膜　产生红、绿、蓝三种基色光，再利用红、绿、蓝三基色光的不同混合，便可以混合出各种不同的颜色。

（4）电极　分为公共电极和像素电极。信号电压就加在像素电极与公共电极之间，从而改变液晶分子的转动。

（5）液晶　液晶材料从联苯腈、酯类、含氧杂环苯类、嘧啶环类液晶化合物逐渐发展到环己基（联）苯类、二苯乙炔类、乙基桥键类、含氟芳环类、二氟乙烯类液晶化合物。

（6）定向层　又称取向膜，其作用是让液晶分子能够整齐排列。若液晶分子的排列不整齐，就会造成光线的散射，形成漏光的现象。

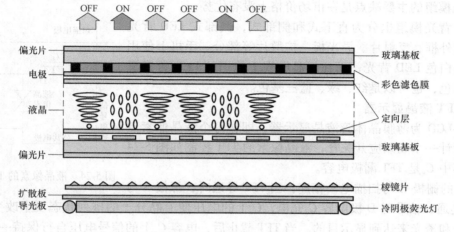

图 5-22　液晶显示器结构

（7）背光模组　由于液晶本身不发光，需要背光模组，其作用是将光源均匀地传送到液晶面板。常用的背光模组有冷阴极荧光灯（CCFL）背光模组和发光二极管（LED）背光模组。

2. 冷阴极荧光灯（CCFL）背光模组

冷阴极荧光灯（Cold Cathode Fluorescent Lamp，CCFL）背光模组结构主要由冷阴极荧光灯（CCFL）、导光板（Wave guide）、扩散板（Diffuser）、棱镜片（Lens）等组成。背光模组各部分作用说明如下：

（1）CCFL　它是一种填充了惰性气体的密封玻璃管，是一种线光源，CCFL 外形如图5-23 所示。CCFL 具有很多非常好的特性，包括极佳的白光源、低成本、高效率、长寿命（>25000h）、稳定及可预知的操作、亮度可轻易变化、重量轻。

图 5-23　CCFL 外形

（2）导光板　它是背光模组的心脏，其主要功能在于导引光线方向，提高面板光辉度及控制亮度均匀。

（3）扩散板　主要功能就是要让光线透过扩散涂层产生漫射，让光的分布均匀化。

（4）棱镜片　负责把光线聚拢，使其垂直进入液晶模块以提高辉度，所以又称增亮膜。

CCFL 主要用于大尺寸 LCD，其最大缺点是散热与电磁干扰问题。目前使用较多的是单灯管和双灯管，随着 LCD 尺寸加大，出现了 4 灯管、6 灯管、8 灯管、12 灯管和 16 灯管。

CCFL 需要在高压(500V 以上)、交流(40kHz 左右)电源的驱动下工作，因此通常需要将直流低压电源逆变为高压交流电源。

根据 CCFL 安装的位置可分为直下式、侧部式。侧部式的液晶屏厚度较薄，但通过导光板把光送到画面，这会造成四周边缘画面亮度比屏幕中央要亮。

3. 发光二极管(LED)背光模组

发光二极管背光模组采用了 LED 作为背光源。它与 CCFL 背光模组相比较，具有色域广、外观薄、节能环保、寿命长、对比度和清晰度高、亮度均匀性好、低压驱动等优点。LED 背光模组的主要缺点是在市场价格上没有优势。

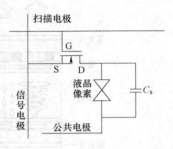

LED 背光模组也分为直下式和侧部式，侧部式 LED 背光模组包括外框、反射片、导光板、扩散片等部分。手机上使用的主要是白色 LED 背光，而在液晶电视上使用的 LED 背光源可以是白色，也可以是红、绿、蓝三基色。

4. TFT 液晶显示器

TFT-LCD 为薄膜晶体管液晶显示器，即在每个液晶像素点的角上设计一个场效应开关管，液晶像素的 TFT 控制如图 5-24 所示，其中 C_s 是 TFT 漏极电容。

图 5-24　液晶像素的 TFT 控制

TFT 的栅极 G 与扫描电极相连，当 TFT 导通时，源极 S 与漏极 D 连通，信号对 D 极电容 C_s 充电，C_s 上的电压使液晶分子的排列状态发生改变，于是通过遮光和透光来达到显示目的。当 TFT 截止后，电容 C_s 上的信号电压自行保持一段时间，直到 TFT 下一次再导通改变 C_s 电压。

5. TFT 液晶显示屏的电路结构

液晶显示屏的电路结构如图 5-25 所示。

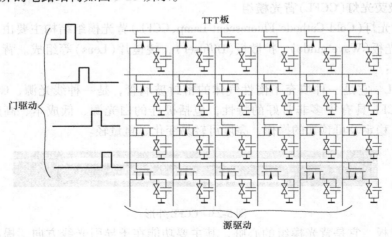

图 5-25　液晶显示屏的电路结构

从图中可知，每一个 TFT 与 C_s 电容代表一个显示的点。而一个基本的显示单元，则需要三个这样显示的点，分别来代表 R、G、B 三基色。以一个 1024×768 分辨率的 TFT-LCD

来说，共需要 $1024 \times 768 \times 3$ 个这样的点组合而成。

由图 5-24 中门驱动所送出的波形，依次将每一行的 TFT 打开，好让整排的源驱动同时将一整行的显示点充电到各自所需的电压，显示不同的灰度。当这一行充好电时，门驱动便将电压关闭，然后下一行的门驱动便将电压打开，再由相同的一排源驱动对下一行的显示点进行充放电。如此依次进行下去，当充好最后一行的显示点后，便又从第一行重新开始充电。

以一个 1024×768 SVGA 分辨率的液晶屏为例，该液晶屏总共会有 768 行的门走线，而源走线则共需要 1024×3 条 $= 3072$ 条。若液晶屏的更新频率为 50Hz，则每一幅画面的显示时间为 20ms。由于画面的组成为 768 行的门走线，所以分配给每一条门走线的开关时间约为 $20ms/768 \approx 26\mu s$。而源驱动则在这 $26\mu s$ 的时间内将液晶像素充电到所需的电压，从而显示出相对应的灰度。

复习思考题

5.3.1 何谓液晶？液晶有哪些基本性质？

5.3.2 简述液晶像素显示的基本原理。

5.3.3 液晶显示器由哪些部件组成？各部件的作用是什么？

5.3.4 何谓 TFT-LCD？

5.4 液晶电视机电路分析

5.4.1 LE22T3 性能与整机电路

以 LE22T3 液晶电视机为例。LE22T3 是青岛海尔电子有限公司生产的 T3 系列 56cm 液晶电视机，该机采用 MT8222 机心及 LED 背光模组。

1. LE22T3 的主要性能及功能

LE22T3 的主要性能及功能如下：

屏幕尺寸：	56cm。
分辨率：	1920×1080。
图像制式：	PAL、NTSC、SECAM。
伴音制式：	D/K、B/G、I、M。
显示色彩：	16.7M。
图像调整：	对比度/亮度/NTSC 制色调/色饱和度/清晰度。
图像模式：	用户/护眼模式/标准/明亮/柔和。
图像比例：	满屏/4:3/放大/全景/电影模式/全真。
图像优化：	动态清晰度强化/数字降噪/色彩增强/3D 数字梳状滤波/黑电平延伸。
声音调整：	音量/左右声道平衡/静音。
声音模式：	用户/标准/音乐/剧院。
声音优化：	重低音/环绕立体声/智能音量控制。
端子：	后 AV 输入/AV 输出/VGA(PC)/S 端子/YPbPr/USB/HDMI/耳机。
伴音输出功率：	$2 \times 2.5W$。

整机功率：　　　　35W。

电压范围：　　　　100～240V。

2. LE22T3 整机电路组成

LE22T3 整机电路组成框图如图 5-26 所示。它主要由 MT8222 集成电路组成，输入有 RF 信号、AV 信号、VGA 信号、YUV 信号、USB 信号及 HDMI 信号，输出有 AV 信号。

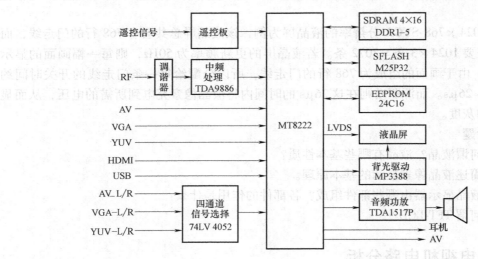

图 5-26　LE22T3 整机电路组成框图

MT8222 是一块集 TV 和多媒体信号处理于一体的高度集成单芯片，内置 MCU 及 HD-MI1.3、USB2.0 解码器，具有 ILNIVB 解码功能，并采用 ME/MC 技术（在快速运动模式下能够很好地解决由于 LCD 屏响应速度慢带来的图像脱尾和抖动的缺陷），输出的 LVDS 信号支持 FHD60Hz、HD120Hz、HD60Hz 等格式，现已广泛地用于海尔、海信、创维、TCL 等新型高清液晶彩电中。

5.4.2　LE22T3 图像通道分析

LE22T3 液晶电视机的图像通道以 MT8222 芯片为核心，电路组成可参阅图 5-26。LE22T3 电视机中的图像调整、图像模式、图像比例及图像优化处理均在 MT8222 芯片内部进行。

1. 高频调谐器（TUNER）

目前电视接收机对 RF 信号的接收均采用超外差方式，即将高频（RF）电视信号转换成中频（IF）信号后再进行放大与检波。

高频调谐器电路如图 5-27 所示，它是一个封闭的金属盒，其作用是变频与选台，即在变频的过程中实现对电视频道的选择。由 MT8222 芯片通过串行时钟线（SCL）和串行数据线（SDA）对调谐器进行选台控制，这是一种 I^2C 总线控制。高频信号经过变频后，由

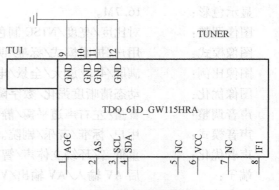

图 5-27　高频调谐器电路

高频调谐器的 8 脚输出中频信号(视中频为 38MHz,声中频为 31.5MHz),送往图 5-28 所示的视中频/声中频分离电路。调谐器 1 脚输入的 AGC 电压来自 TDA9886 芯片 14 脚(见图 5-29)。

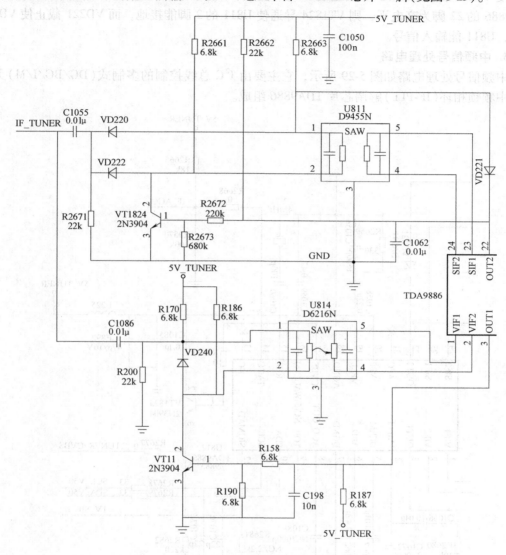

图 5-28　视中频/声中频分离电路

2. 视中频/声中频分离电路

由于调谐器输出的是视中频(VIF)与声中频(SIF)混合信号,需要将两者分离,视中频/声中频分离电路如图 5-28 所示。

来自调谐器的中频信号经过 U814 声表面滤波器滤波,取出 38MHz 视中频信号从 TDA9886 的 1、2 脚输入。VT11 用于控制 U814 滤波器的输入,当 TDA9886 的 3 脚为低电平时,则 VT11 截止使 U814 的 2 脚不能接地,而 VD240 导通使 U814 的 1、2 脚短接,此时 U814 不能输入信号;当 TDA9886 的 3 脚为高电平时,则 VT11 导通而 VD240 截止,此时 U814 能输入信号。

中频信号又经过 U811 声表面滤波器滤波,取出 31.5MHz 声中频信号从 TDA9886 的 23、

24 脚输入。VT1824 用于控制 U811 滤波器的输入，当 TDA9886 的 22 脚为低电平时，VD221 导通使 VD220 截止，VT1824 截止使 U811 的 2 脚不能接地，此时 U811 不能输入信号；若 TDA9886 的 22 脚为高电平，则 VT1824 导通使 U811 的 2 脚能接地，而 VD221 截止使 VD220 导通，U811 能输入信号。

3. 中频信号处理电路

中频信号处理电路如图 5-29 所示，它主要由 I^2C 总线控制的多制式（DG/BG/I/M）无调整的中频锁相环（IF-PLL）解调芯片 TDA9886 组成。

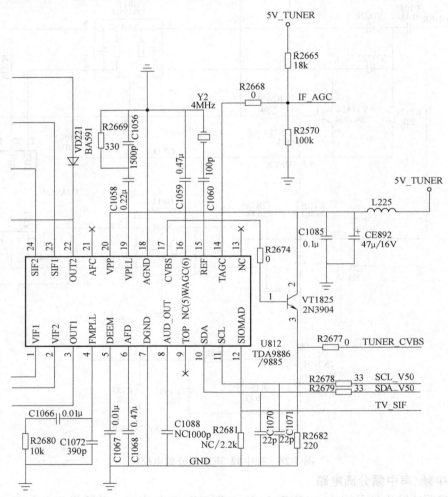

图 5-29 中频信号处理电路

38MHz 视中频信号从 TDA9886 的 1、2 脚输入后，先进行 AGC 控制的三级中频放大、然后进行 PLL 完全同步视频检波、调频锁相环（FM-PLL）控制的多制式伴音（4.5MHz/5.5MHz/6.0MHz/6.5MHz）陷波等处理，然后从 17 脚输出视频信号，再经 VT1825 缓冲放大后送往 MT8222 芯片 9 脚。

TDA9886 芯片的另一功能是对声中频进行处理，31.5MHz 声中频信号从 23、24 脚输入后，先进行 AGC 控制的三级差分放大，然后进行内载波（38MHz）混频，产生的 6.5MHz 第二伴音调频信号从 12 脚输出（送往 MT8222 芯片 14 脚），再经 FM 鉴频及 3 脚去加重处理，最后从 8 脚输出音频信号。

TDA9886 通过 10、11 脚接受来自 MT8222 的 I^2C 总线控制，主要是电视制式控制。

4. AV 信号输入/输出端子

AV 信号又称为音视频信号，它包括一路视频（VIDEO）信号和两路（L、R）音频（AUDIO）信号。AV 信号接口通常都是成对的白色、红色的音频接口和黄色的视频接口，其接口外形如图 5-30 所示。它通常采用 RCA（俗称莲花头）进行连接，使用时只需要将带莲花头的标准 AV 线缆与相应接口连接起来即可。

AV 信号接口实现了音频和视频的分离传输，这就避免了因为音/视频混合干扰而导致的图像质量下降。MT8222 芯片共有两路 AV 信号输入及一路 AV 信号输出，LE22T3 电视机的 AV 视频信号加到 MT8222 芯片的 6 脚，AV 端子的 L、R 音频信号送到 74LV4052 芯片。

5. S 端子

S-Video 的英文全称是 Separate Video，也称二分量视频接口，S 端子外形如图 5-31 所示。Separate Video 的意义就是将 Video 信号分开传送，也就是在 AV 接口的基础上将色度信号 C 和亮度信号 Y 进行分离，再分别以不同的通道进行传输，避免了 C 和 Y 信号的串扰，极大地提高了图像的清晰度。

图 5-30　AV 信号接口外形

MT8222 有两路 S-Video 信号输入，输入引脚为 1～4 脚。在 LE22T3 电视机中，S-Video 端子没有被采用。

6. YUV（YPbPr/YCbCr）端子

YUV 信号由三个信号组成，即亮度信号 Y、蓝色差信号 U 和红色差信号 V，YUV 信号接口外形如图 5-32 所示。YUV 信号又称为视频色差信号，YUV 信号也常表示成 YPbPr/YCbCr 信号或 Y/B-Y/R-Y 信号。

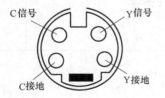

图 5-31　S 端子外形

图 5-32　YUV 信号接口外形

将 S-Video 传输的色度信号 C 分解为色差 U 和 V，这样就避免了两路色差混合解码并再次分离的过程，也保持了色度通道的最大带宽。所以色差输出的接口方式是目前各种视频输出接口中最好的一种，故又称为高清晰度电视（HDTV）信号。MT8222 芯片共有两路 YUV 信号输入端子，LE22T3 电视机实际只有一路 YUV 信号输入到 MT8222 芯片的 250～254 脚，相应的 L、R 音频信号送往 74LV4052 芯片。

7. VGA 端子

视频图像阵列（Video Graphics Array,VGA）接口采用非对称分布的 15pin 连接方式，其接口外形如图 5-33 所示。VGA 输入的是 RGB 模拟三基色信号，这样就不必像其他视频信号那样还要经过矩阵解码电路的换算。通过 VGA 端子，可将液晶电视机用作计算机（PC）显示屏，因此 VGA 端子又称为 PC 端子。

在 LE22T3 电视中，VGA 信号接口电路如图 5-34 所示。由接口 P20 的 1、2、3 脚输入的 R、G、B 信号，此信号送入 MT8222 芯片的 239、241、243 脚，由接口的 13、14 脚输入行、场同步信号，此信号送入 MT8222 芯片的 238、237 脚。VGA 相应的 L、R 音频信号送往 74LV4052 芯片。

图 5-33　VGA 接口外形

8. USB 接口

USB（Universal Serial Bus）是连接外部装置的一个串口汇流排标准，在计算机上使用广泛。USB 接口一般的排列方式是：从左到右依次是红白绿黑，红色为 USB 电源，标有 VCC 字样；白色为 USB 数据线（负），标有 D - 字样；绿色为 USB 数据线（正），标有 D + 字样；黑色为地线，标有 GND 字样。

USB 接口电路如图 5-35 所示，V274 和 V275 是保护二极管。MT8222 芯片有两路 USB 信号输入，在 LE22T3 电视机中，只有一路 USB 信号输入到 MT8222 芯片的 193、194 脚。使用 USB 存储设备，可播放文本、音乐、图片及电影。

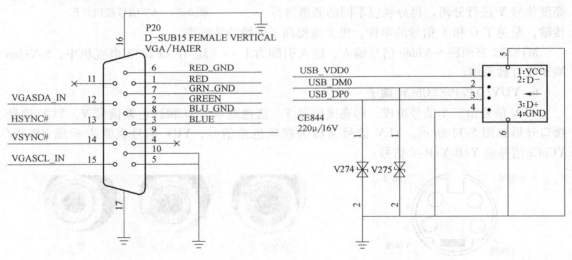

图 5-34　VGA 信号接口电路　　　　　　　图 5-35　USB 接口电路

9. HDMI 端口

HDMI（High Definition Multimedia Interface）为高清晰度多媒体接口，HDMI 是用于传输未压缩 HDTV 信号的数字多媒体界面，是一种如图 5-36 所示的 19 针 Type A 接口，一对为极性相反的时钟信号线，3 对为极性相反的数据信号线，该端口的主要特点是音频/视频采用同一电缆。

HDMI 接口电路如图 5-37 所示。由 P6 插头输入信号，RX1 _ C/RX1 _ CB 是时钟对信号，RX1 _ 0/RX1 _ 0B、RX1 _ 1/RX1 _ 1B、RX1 _ 2/RX1 _ 2B 是数据对信号，这些信号均送往 MT8222 芯片的 217 ~ 224 脚进行处理。MT8222 芯片共有三路 HDMI 信号输入，在 LE22T3 电视机中只有一路 HDMI 信号输入。

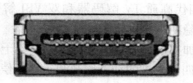

图 5-36　HDMI 接口外形图

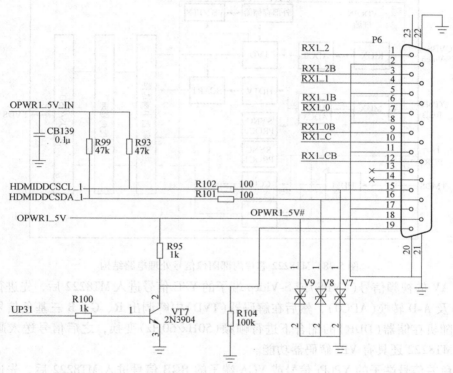

图 5-37　HDMI 接口电路

10. 主芯片 MT8222

MT8222 芯片共有 265 个引脚，内部图像信号处理电路结构如图 5-38 所示，MT8222 芯片主要特点如下：

1）自带多路信号输入，无需外部切换开关。

2）内置 HDMI 接收器（支持 V1.3 功能），支持 CEC 功能。

3）内置 D/C 转换器，HDMI 数字音频信号可直接转换为模拟音频信号输出。

4）内置 3D 数字降噪（降低弱信号图像的噪波干扰）、3D 梳状滤波（分离 U、V 信号）、3D 运动检测（ME）功能。

5）内置 Audio ADC、Audio DSP、Audio DAC。

6）内置 USB2.0 接收器。

7）内置 RISC 微处理器和 8023 双核 CPU。

8）支持 50Hz/60Hz WXGA 屏（1366×768）、50Hz/60Hz FHD 屏（1920×1080）和 120Hz WXGA 屏。

9）采用第四代高质 TV 解码器和双 VBI 解码器。VBI 是 Vertical Blanking Interval 的缩写，中文是场消隐期。中央电大 VBI 数据广播、图文电视便是将各类图形、文字信息以数字信号的形式叠加在广播电视信号场消隐期若干行上，与正常广播电视信号一起播出的。

10）采用第四代先进的动态监视和运动补偿（MC）。

11）支持画中画功能。

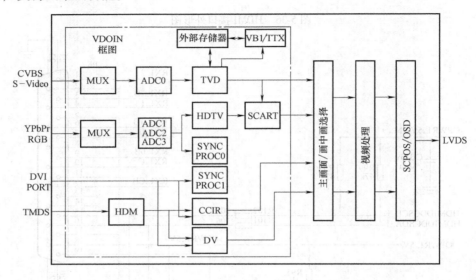

图 5-38　MT8222 芯片内部图像信号处理电路结构

TV、AV 的视频信号（CVBS）或 S-Video 端子的 Y/C 信号进入 MT8222 后，先进行多路选择（MUX）及 A-D 转换（ADC0），然后在解码器（TVD）中解调出 R、G、B 三基色信号，并在外部动态随机存储器（DDR）的配合下进行帧频（50Hz/60Hz）变换，之后信号送入画中画选择电路。MT8222 还具有 VBI 解码器功能。

视频色差信号端子的 YPbPr 信号或 VGA 端子的 RGB 信号进入 MT8222 后，先进行多路选择（MUX）及 A-D 转换，分离出高清晰度电视（HDTV）的数字信号和行场同步信号（SYNC），高清晰度信号经 SCART 电路（通过改变图像的水平和垂直分辨率，以使视频内容适合于显示屏分辨率）处理后送入画中画选择电路。

HDMI 输入数字音视频信号，经 HDMI 接收器后将数字音视频信号分离，分离出的数字视频信号再与 USB 接口输入的数字信号或游戏接口输入的数据信号经过 DV 电路处理后送入画中画选择电路。

画中画选择电路切换后的 RGB 基色信号经视频处理（图像调整、图像模式、图像比例及图像优化）、在屏显示（OSD）形成等电路处理，最终形成 LVDS 信号（包括 RGB 信号及行场同步、时钟的使能信号）从 MT8222 的 103～106、108～113、89～92、94～99 脚输出，并送往屏插座 CND3，再经柔性电缆线与液晶面板相连接。

MT8222 的 25、26 脚与晶振 Y1、C978、C979 组成时钟振荡电路，产生 27MHz 振荡信号；58、59 为总线（OSCL0、OSDA0）接口，外挂高频调谐器、TDA9886 及 EEPROM 存储器；

68 脚为复位脚，外接晶体管、电容等组成复位电路；75 脚为遥控信号输入。

MT8222 供电电压包括 DV33(3.3V)、AV33(3.3V)、DV10(1.0V)、DDRV(2.5V)、AV12(1.2V)。上述电压由不同的 DC-DC 电路(稳压器)提供。DV33 加在 MT8222 的 45、83、116、190 脚；AV33 加在 MT8222 的 12、13、17、24、32、36、37、93、107、195、216、244 脚；DV10 加在 MT8222 的 84、114、115、129、130、145、184、189、200 脚；DDRV 加在 MT8222 有 133、137、141、143、147、149、152、156、161、164、168、187 脚；AV12 加在 MT8222 的 27～31、100、160、197、236、256、257 脚。

5.4.3　LE22T3 伴音通道分析

1. LE22T3 伴音通道电路组成

LE22T3 伴音通道电路组成如图 5-39 所示。因为 LE22T3 有 RF、AV、VGA、YUV、HDMI 五种信号输入，这五种信号均由图像信号和伴音信号组成。其中，RF、HDMI 的图像信号与伴音信号一起输入，AV、VGA、YUV 的伴音(L/R)信号与图像信号分开输入。

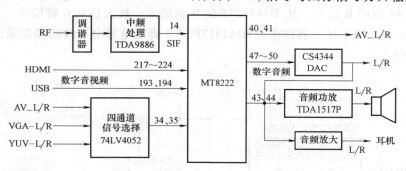

图 5-39　LE22T3 伴音通道电路组成

在 LE22T3 内部，将完成声音模式(用户/标准/音乐/剧院)选择，完成音量调整、平衡调整及静音控制，完成环绕声 ON/OFF 设定及重低音音响效果调节，完成智能音量控制(自动调整音量大小，防止频道切换时声音过高或过低)。

2. 四通道音频信号选择

LE22T3 中的四通道音频信号选择芯片 74LV4052 如图 5-40 所示。四路 L 信号分别从 74LV4052 的 11、12、14、15 脚输入，四路 R 信号分别从 74LV4052 的 1、2、4、5 脚输入。由 74LV4052 的 9、10 脚对四路输入进行选择控制，选择控制后的 L、R 信号从 74LV4052 的 13、3 脚输出，并送到 MT8222 的 34、35 脚。

74LV4052 的 9 脚与 MT8222 的 66 脚连接，74LV4052 的 10 脚与 MT8222 的 74 脚连接。当 9、10 脚均为高电平时，74LV4052 选择 AV1_L/R 信号输出；当 9 脚为高电平、10 脚为低电平时，74LV4052 选择 AV2_L/R 信号输出；当 9 脚为低电平、10 脚为高电平时，74LV4052 选择 VGA_L/R 信号输出；当 9、10 均为低电平时，74LV4052 选择 DVD_L/R 信号输出。

3. 音频信号功率放大

音频信号功率放大电路主要由 TDA1517P 芯片组成，如图 5-41 所示。TDA1517P 是 2×6W 的双声道立体声音频功率放大器，具有外围元器件少、良好的纹波抑制、静音/待机开

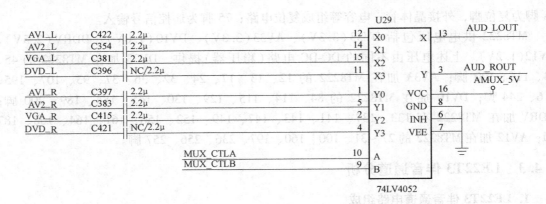

图 5-40　四通道音频信号选择芯片 74LV4052

关、交流和直流短路接地保护等特点。

　　来自 MT8222 芯片 43 脚的 L 信号，从 TDA1517P 的 1 脚输入，放大后从 4 脚输出；来自 MT8222 芯片 44 脚的 R 信号，从 TDA1517P 的 9 脚输入，放大后从 6 脚输出。L、R 信号经 C30、C20 耦合到 CNC1 扬声器插座。TDA1517P 的 3 脚是电源电压纹波抑制输出，8 脚是静音∕待机控制输入。

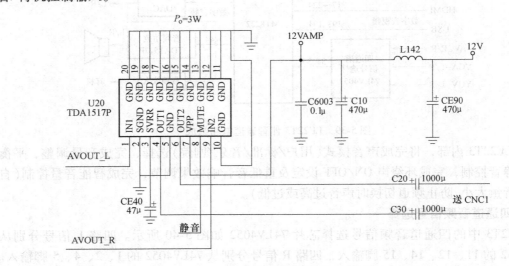

图 5-41　音频信号功率放大电路

4. 耳机信号输出放大

　　共有 L、R 两路耳机信号放大电路，以 R 信号放大为例，电路如图 5-42 所示。由 VT8、VT10 组成推挽放大电路，VT6、R2839、R2840 是推挽管的偏置电路。信号放大后经电容耦合到耳机插座。

5. 数字音频 DAC 输出

　　数字音频 DAC 输出电路如图 5-43 所示，它主要由 CS4344 芯片组成。CS4344 是双通道 24bit D-A 转换芯片，来自 MT8222 的 47～50 脚的数字音频信号从 CS4344 的 1～4 脚输入，经 CS4344 内部 D-A 转换后，从 7、10 脚输出 L、R 模拟音频信号，此信号除送往数字音频输出端子外，还送往音频信号功率放大电路及耳机信号输出放大电路。

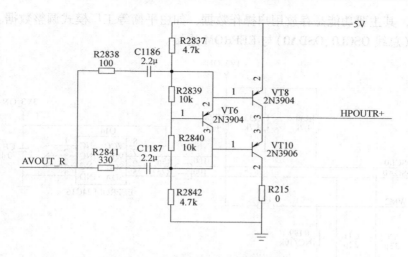

图 5-42　耳机 R 信号放大电路

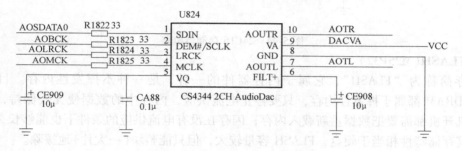

图 5-43　数字音频 DAC 输出电路

5.4.4　LE22T3 中的各类存储器

在液晶电视机中，普遍用到 DDR、EEPROM、FLASH 三类存储器，DDR 是内存（帧存储器），EEPROM 是用户存储器，FLASH 是程序存储器。

1. 系统的初始化过程

MT8222 内置 MCU，每次交流开机或待机开机后，MT8222 开始下列初始化：

1）主芯片 MT8222 开始和 DDR 进行通信。

2）主芯片 MT8222 从 FLASH 中调用程序到 DDR 中。

3）主芯片 MT8222 开始初始化各类寄存器。

4）主芯片 MT8222 开始从 EEPROM 读取数据。

5）主芯片 MT8222 开始检测 TUNER 和功放的总线连接，并进行初始化。

6）初始化完毕，系统进入开机状态。

2. EEPROM（24C16 芯片）

EEPROM（Electrically Erasable Programmable Read-Only Memory）是电可擦可编程只读存储器，是一种掉电后数据不丢失的存储芯片。EEPROM 一般容量不大，可以在计算机上或专用设备上按"位"擦除已有信息，然后重新编程，一般用于即插即用。

24C16 是 16kbit 串行 I^{2}C 总线 EEPROM，LE22T3 液晶电视机中的 24C16 存储器电路如

图 5-44 所示，其主要功能是存放用户操作数据，如白平衡等工厂模式调整数据。MT8222 通过 58、59 脚（总线 OSCL0、OSDA0）与 EEPROM 连接。

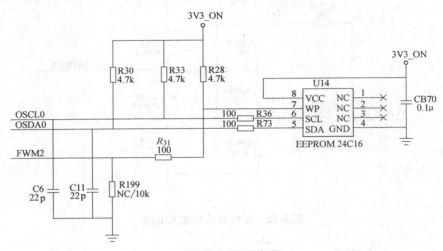

图 5-44 24C16 存储器电路

3. FLASH（M25P32）

闪存简称为 "FLASH"，它属于内存器件的一种，是一种不挥发性内存。目前各类 DDR、SDRAM 都属于挥发性内存，只要停止电流供应，内存中的数据便无法保持，因此每次计算机开机都需要把数据重新载入内存；闪存在没有电流供应的条件下也能够长久地保持数据，其存储特性相当于硬盘，FLASH 容量较大，但只能整块（一大片）地擦除。

M25P32 是 32Mbit 串行（Serial）FLASH 芯片，LE22T3 液晶电视机中的 M25P32 存储器电路如图 5-45 所示，其主要作用是存放系统主程序。MT8222 通过 69 ~ 73 脚与 M25P32 连接，该芯片采用单电源 2.7 ~ 3.6V 供电，整块擦除标准时间为 23s，擦写次数可达 100000 次，数据可保存 20 年。

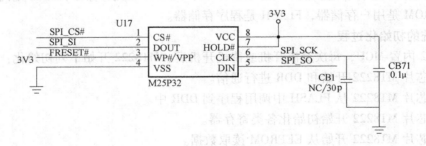

图 5-45 M25P32 存储器电路

4. DDR2 SDRAM 内存

DDR（Double Data Rate）是双倍速率内存，是在 SDRAM（Synchronous Dynamic Random Access Memory）同步动态随机存储器的基础上发展而来的。SDRAM 属于挥发性内存，内部的信息只能保留几十毫秒，所以需要不断刷新状态。DDR2 是 DDR SDRAM 内存的第二代产品，其传输速度更快（可达 667MHz），耗电量更低，散热性能更优良。

由于 MT8222 支持 1920 × 1080 分辨率的画面清晰度，并且还支持 H.264 高清格式解码，

MT8222 在完成不同帧扫描频率(50Hz/60Hz)的变频处理过程中，需要一个存储器临时存放数据，它需具备足够大的容量和存取速度，DDR2 SDRAM 可以充当这样的角色。另外，DDR2 SDRAM 还可以存储 OSD 数据及从 FLASH 中调入的需要运行的程序。

MT8222 通过 131 ~ 186 脚(电源与接地脚除外)连接 16Mbit × 16 DDR2 SDRAM 内存。

5.4.5　LVDS 信号

在液晶电视机中，驱动板与液晶面板之间传送的图像信号是 LVDS 信号。LVDS(Low Voltage Differential Signaling)即低电压差分信号，LVDS 技术的核心是采用极低的电压摆幅高速差动传输数据，可以实现点对点或一点对多点的连接，具有低功耗、低误码率、低串扰和低辐射等特点。

1. 一个简单的 LVDS 传输单元

一个简单的 LVDS 传输单元如图 5-46 所示，它由一个驱动器和一个接收器通过一段差分阻抗为 100 Ω 的导体连接而成。驱动器的电流源(通常为 3.5mA)来驱动差分线对，由于接收器的直流输入阻抗很高，驱动器电流大部分直接流过 100 Ω 的终端电阻，从而在接收器输入端产生的信号幅度大约为 350mV。通过驱动器的开关，改变直接流过电阻的电流的方向，从而产生"1"和"0"的逻辑状态。

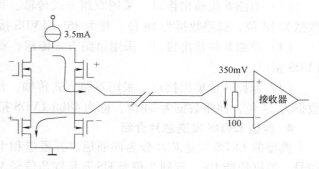

图 5-46　一个简单的 LVDS 传输单元

2. LVDS 传输的抗干扰性能

在 LVDS 系统中，采用差分方式传送数据，有着比单端传输方式更强的共模噪声抑制能力。道理很简单，因为一对差分线对上的电流方向是相反的，当共模方式的噪声干扰耦合到差分线对上时，在接收器输入端产生的效果是相互抵消的，如图 5-47 所示，因而对信号的影响很小。这样，就可以采用很低的电压摆幅来传送信号，从而可以大大提高数据传输速率和降低功耗。

3. LVDS 接口电路及类型

在液晶显示器中，LVDS 接口包括 LVDS 发送器和 LVDS 接收器。LVDS 发送器将驱动板主控芯片输出的 TTL 电平并行 RGB 数据信号和控制信号转换成

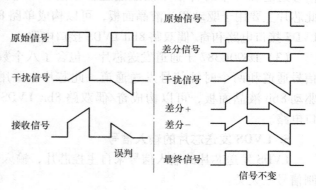

图 5-47　LVDS 传输的抗干扰性能

低电压串行 LVDS 信号，然后通过驱动板与液晶面板之间的柔性电缆(排线)，将信号传送到液晶面板侧的 LVDS 接收器，LVDS 接收器再将串行信号转换为 TTL 电平的并行信号，送往液晶屏时序控制与行列驱动电路。图 5-48 所示为 LVDS 接口电路的组成示意图。

LVDS 输出接口分为以下四种类型：

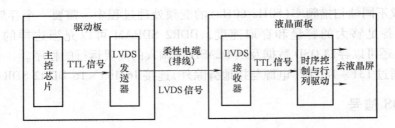

图 5-48   LVDS 接口电路

（1）单路 6 位输出接口   采用单路方式传输，每个基色信号采用 6 位数据，称为 18bit LVDS 接口。

（2）双路 6 位输出接口   采用双路方式传输，每个基色信号采用 6 位数据，其中奇路数据为 18 位，偶路数据为 18 位，称为 36bit LVDS 接口。

（3）单路 8 位输出接口   采用单路方式传输，每个基色信号采用 8 位数据，称为 24bit LVDS 接口。

（4）双路 8 位输出接口   采用双路方式传输，每个基色信号采用 8 位数据，其中奇路数据为 24 位，偶路数据为 24 位，称为 48bit LVDS 接口。

4. 典型 LVDS 发送芯片介绍

典型的 LVDS 发送芯片分为四通道、五通道和十通道几种，发送的数据信号包括 RGB 信号、数据使能 DE、行同步信号 HS 及场同步信号 VS。下面进行简要的介绍。

（1）DS90C365 四通道发送芯片   包含了三个数据信号通道和一个时钟信号发送通道。此芯片主要用于驱动 6bit 液晶面板，可以构成单路 6bit LVDS 接口电路和奇/偶双路 6bit LVDS 接口电路。

（2）DS90C385 五通道发送芯片   包含了四个数据信号通道和一个时钟信号发送通道，如图 5-49 所示。此芯片主要用于驱动 8bit 液晶面板，可以构成单路 8bit LVDS 接口电路和奇/偶双路 8bit LVDS 接口电路。

（3）DS90C387 十通道发送芯片   包含了八个数据信号通道和两个时钟信号发送通道。此芯片主要用于驱动 8bit 液晶面板，可以构成奇/偶双路 8bit LVDS 接口电路。

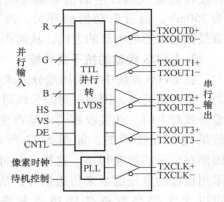

图 5-49   DS90C385 芯片

5. LVDS 发送芯片的输入信号

LVDS 发送芯片的输入信号来自主控芯片，输入信号包含 RGB 数据信号、时钟信号和控制信号三大类。

（1）数据信号   在供 6bit 液晶面板使用的四通道发送芯片中，共有 21 个输入引脚，分别是 R0 ~ R5 红基色数据六个，G0 ~ G5 绿基色数据六个，B0 ~ B5 蓝基色数据六个；一个使能信号 DE 引脚；一个行同步信号 HS 引脚；一个场同步信号 VS 引脚。在供 8bit 液晶面板使用的五通道发送芯片中，共有 28 个输入引脚，分别是 R0 ~ R7、G0 ~ G7、B0 ~ B7、DE、HS、VS 及一个备用输入引脚。

（2）输入时钟信号　即像素时钟信号，也称为数据移位时钟（在 LVDS 发送芯片中，将输入的并行 RGB 数据转换成串行数据时要使用移位寄存器）。像素时钟信号是传输数据和对数据信号进行读取的基准。

（3）待机控制信号　有的 LVDS 发送芯片可能并不设置。当此信号有效时，将关闭 LVDS 发送芯片中时钟 PLL 锁相环电路的供电，停止 IC 的输出。

（4）数据取样点选择信号　有的 LVDS 发送芯片可能并不设置。用来选择使用时钟脉冲的上升沿还是下降沿读取所输入的 RGB 数据。

6. LVDS 发送芯片的输出信号

发送芯片将以并行方式输入的 TTL 电平 RGB 数据信号转换成串行的 LVDS 信号后，直接送往液晶面板侧的接收芯片。发送芯片的输出是低摆幅差分对信号，一般包含一个通道的时钟信号和几个通道的串行数据信号。由于发送芯片是以差分信号的形式进行输出的，因此，输出信号为两条线，一条线输出正信号，另一条线输出负信号。

（1）时钟信号输出　发送芯片输出的时钟信号频率与输入时钟信号频率相同。时钟信号的输出常表示为 TXCLK + 和 TXCLK −，时钟信号占用发送芯片的一个通道。

（2）串行数据信号输出　对于四通道发送芯片，串行数据占用三个通道，其数据输出信号常表示为 TXOUT0 +、TXOUT0 −，TXOUT1 +、TXOUT1 −，TXOUT2 +、TXOUT2 −。同理，对于五通道发送芯片，串行数据占用四个通道；对于十通道发送芯片，串行数据占用八个通道。

五通道 LVDS 奇路数据如图 5-50 所示，五通道 LVDS 偶路数据如图 5-51 所示。

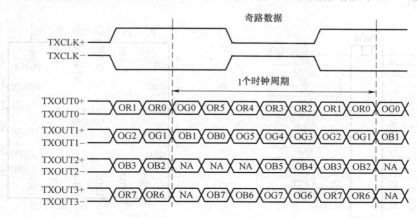

图 5-50　五通道 LVDS 奇路数据

7. LE22T3 信号屏接口

LE22T3 信号屏接口定义如图 5-52 所示，共 10 组信号（A0 ~ A8、CK1、CK2），这是五通道发送芯片输出的奇/偶双路 8 位 LVDS 低压差分信号（包括 RGB 基色信号、行场同步信号、时钟信号的使能信号）。

经 MT8222 内部电路处理后形成的 LVDS 奇路信号从 103 ~ 106、108 ~ 113 脚输出，LVDS 偶路信号从 89 ~ 92、94 ~ 99 脚输出。LVDS 奇、偶路信号均送入图 5-52 所示的屏插座 CND3，屏插座 CND3 再经柔性电缆线与液晶面板相连接。

MT8222 是否输入正常的 LVDS 信号，可通过示波器观察各路低压差分信号的波形进行

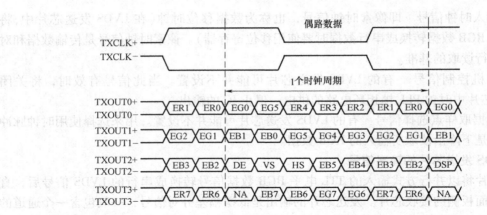

图 5-51 五通道 LVDS 偶路数据

确认，也可以通过万用表测各脚直流电压来初步判断，LVDS 各脚电压通常在 1.0 ~ 1.5V。

5.4.6 LED 背光模组驱动电路

1. 背光模组驱动芯片 MP3388

由于 LED 导通电压约为 3.3V，因而 LED 背光模组是一种低压驱动。以图 5-53 所示的背光模组驱动芯片 MP3388 为例，MP3388 是 DC-DC 变换芯片，输入电压为 4.5 ~ 25V，输出直流电压最高可达 50V，然后给 LED 供电。MP3388 有八路 LED 控制，每一路与电源之间可串接若干只 LED。

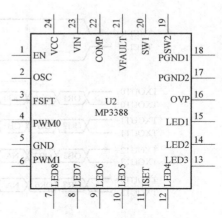

图 5-52　LE22T3 信号屏接口定义　　　　图 5-53　背光模组驱动芯片 MP3388

MP3388 有 LED 短路和开路保护电路。假如某 LED 开路，LED 脚变为低电平（低于 0.21V），MP3388 会认为 LED 电压不够，MP3388 会一直提高 LED 电压，当 LED 电压超过正常工作电压的 1.3 倍时，过电压保护启动。假如某 LED 短路，LED 脚变为高电平，当电平超过 5.5V 时，MP3388 会将短路的 LED 断开。

MP3388 有以下三种调光方式：

（1）两次 PWM 波变换调光　将一个 100Hz ~ 50kHz 的方波加到 PWM1 脚，通过芯片内部一个 400kΩ 电阻与 PWM0 脚的一个电容滤波，在 PWM0 脚产生直流电压（0.2 ~ 1.2V），然后此直流电压再被调制成一个内部 PWM 波去控制 LED 的电流。

（2）直流电压调光码　直接将直流电压（0.2～1.2V）加到 PWM0 脚，以调节 LED 工作电流。

（3）直接 PWM 波调光　将 100Hz～2kHz 频率的 PWM 波直接加到 PWM1 或 PWM0 脚，此时 MP3388 内部会产生一个与输入信号频率相同的内部 PWM 信号来调节 LED 的工作电流。

2. LE22T3 的背光模组驱动电路

LE22T3 采用 LED 背光模组，其驱动电路如图 5-54 所示，共有两个驱动电路。驱动电路主要由 MP3388 芯片组成，其功能是将 12V 直流电压升压到 33V，然后给 LED 供电，同时通过调整 I_PWM 的占空比来控制亮度。直流电压升压电路由 MP3388 的 20 脚及 L2、VD2、C16、C17 组成。

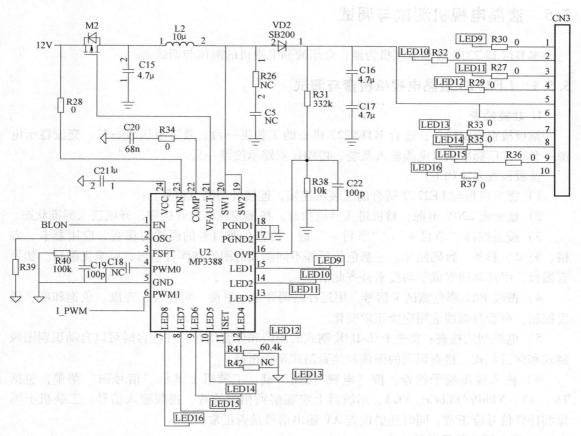

图 5-54　LED 背光模组驱动电路

每次启动时，首先 23 脚输入工作电压，接着开启 EN 脚，即 1 脚接高电平（大于 2.1V），21 脚输出 6V 直流电压，使外接开关管 M2 导通，MP3388 开始工作。

MP3388 的 20 脚内部有一只开关管，若开关管导通，则相当于 20 脚接地；若开关管截止，则相当于 20 脚开路。当 20 脚接地时，电流经 M2、L2 流入 20 脚，L2 存储起磁场能量；当 20 脚开路时，L2 释放磁场能量，即 L2 两端（右正左负）电压与 12V 叠加后，经 VD2 给

C16、C17 充电，在 C16、C17 串联电容上产生 33V 直流电压，这就是升压工作原理。

驱动电路采用两次 PWM 波变换调光方式，先将一个方波加到 PWM1 脚，然后通过 PWM0 脚的一个 C18 电容滤波，在 PWM0 脚产生直流电压(0.2~1.2V)，然后此直流电压再被调制成一个内部 PWM 波去控制 LED 的电流。

MP3388 的 LED1~LED8 引脚为八路 LED 控制脚，每一路通过 CN3 插座与 33V 之间可串接 10 只 LED，所以 LE22T3 背光模组共有 160 只 LED。

复习思考题

5.4.1　什么是 RF、AV、S、YUV、VGA、HDMI 信号？

5.4.2　什么是 LVDS 信号？LVDS 信号在传输过程中有何优点？

5.4.3　MT8222 芯片的主要功能有哪些？

5.5　液晶电视机测试与调试

本节以 LE22T3 液晶电视机为例，介绍液晶电视机的测试与调试。

5.5.1　LE22T3 液晶电视机检查与测试

1. 功能检查

基板检查需要设备：适合 MTK8222 机心的工装机一台、数字电压表一只、交流稳压电源一台、工厂标准信号电缆输入系统、40MHz 双踪示波器一只。

基板检查方法如下：

1）将主机板与 LE22T3 适合的工装机连接，连接公司测试信号。

2）接交流 220V 电源，整机进入待机状态，按遥控或本控开机键，开机进入标准状态。

3）按遥控器"节目+"、"节目-"键，检查各节目号的图像与伴音，应用彩卡、方格、竖卡、彩条、数码照片、三基色信号等不同制式的图像和伴音信号，要求无漏台。如果有漏台，用自动搜索或手动搜索补齐此信号。

4）按收 PAL 彩色测试卡信号，用遥控器调音量、平衡、对比度、亮度、色饱和度、锐度控制，声音与画面应用应能正常变化。

5）电视制式检查：接收 PAL-D/K 制式的图像和伴音信号，在搜台时可以自动识别图像制式和伴音制式，检查识别的图像和伴音制式是否正确。

6）输入输出端子检查：按"电视/视频"键，工装机上显示"信号源"菜单，包括 TV、AV、YPbPr/YCbCr、VGA，示波器上应观察到相应的音、视频输入信号，工装机上图像和伴音信号应正常。同时还要检查 AV 输出信号是否正常。

2. 机心板主要元器件检查

检查机心板中的下列元器件：

(1) MT8222　主芯片，内含 ADC、VIDEO 解码器、LVDS 输出、3D 梳状滤波，采用 1.8V、2.5V、3.3V 供电。

(2) AP1506　DC-DC 类器件，主要是将 12V 稳压生成 5V。

(3) TPA1517/TDA1517P　音频功放，可输出 2.5W×2 伴音。

(4) TDA9885/9886　中频处理芯片。

（5）AP1084-3.3、LM1117-1.8、LM1117-2.5 分别是 3.3V、1.8V、2.5V 稳压芯片。

（6）M25P32（24C32B） EEPROM。

（7）CFEON：EN25B64 FLASH 程序存储器。

3. LE22T3 液晶电视机测试

主要对 LE22T3 主板中的各插座信号进行测试，如图 5-55 所示。CNB1 是感光护眼插座，CNB2 是升级插座，CNC1 是扬声器插座，CNE1 是遥控插座，CNE2 是本控插座，CON1 是背光灯驱动板连接插座、CN2 和 CN3 是背光灯驱动板上的 FFC 线连接插座。各插座引脚功能见表 5-4 ~ 表 5-10。

机心板视图：

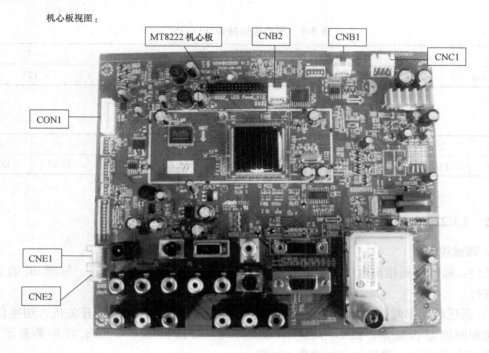

图 5-55 LE22T3 主板中的各插座

表 5-4 感光护眼插座（CNB1）

1	2	3	4
GND	TXD	RXD	5V

表 5-5 升级插座（CNB2）

1	2	3	4
5V	GND	SCL	SDA

表 5-6 扬声器插座（CNC1）

1	2	3	4
L_N	L_P	R_N	R_P

表 5-7　遥控插座（CNE1）

1	2	3	4	5
5V	IR	RED	GREEN	GND

表 5-8　本控插座（CNE2）

1	2	3
GND	K1	K2

表 5-9　驱动板连接插座（CON1）

1	2	3	4	5	6	7
PS_ON	GND	GND	ADJ	ON/OFF	12V	12V

表 5-10　FFC 线连接插座（CN2、CN3）

1	2	3	4	5	6	7	8	9	10
LED1	LED2	LED3	LED4	33V	33V	LED5	LED6	LED7	LED8

5.5.2　LE22T3 液晶电视机调试

1. 调试说明

条件：除非特别指出电压和信号值，以下操作均在 220V/50Hz 电压、标准 dB 的工厂信号下进行。

1）低压和功率测试。当合上后盖后，本机接通电源，在 220V 下开关机，切换信号观察功能和图像是否正常。然后用功率计读出 220V 时待机功率 ≤1W；在屏幕显示 FULL WHITE 信号状态下，整机的消耗功率 ≤35W。

2）基本检查。指示灯红色亮，按本机上的 POWER 键，电源指示灯由待机红色变为熄灭。检查各本机按键功能应正常。整机装配完成后，经过常温老化处理后，进入稳定工作状态，进行以下调试：首先进行白平衡调整，TV、AV、HDMI、YPbPr 作为一组，可任选一个进行白平衡调整；PC 的 USB 作为一组进行白平衡调整。调整后按 OK 键退出。

3）同外设协同工作检查及图像、声音检查。

2. 进入工厂模式

进入工厂模式的方法：连续按遥控器中的按键"菜单"、"8"、"8"、"9"、"3"，LE22T3 电视机将进入工厂模式，屏幕显示 Factory Menu 1 菜单。

工厂菜单显示位置：无背景，只显示选项字符，位于屏幕左边（不贴边），字符只有英语，不受屏显语言切换影响。按 MENU 键切换不同的页面，按上下键进行选择，按左右键进行调整，按 OK 键确认。

3. Factory Menu 1 菜单

工厂菜单（Factory Menu 1）如下：

```
                        Factory Menu 1
Source                    <     TV    >
Auto Color                              >
Power On Mode             <     开    >
Signal Reset                            >
Factory Reset                           >
EEP INIT                                >
SW：L _ WX68 _ SS40 _ CHI 080808
```

（1）Auto Color　在调整过程中此项右边的箭头会改变颜色，调整结束后再变回预置之前的颜色，可以用来判断预置是否完成。配合此项，要有信号源选择项，即 Source ＜ TV ＞，采用左右键选择信号源。

（2）Power On Mode　交流上电是否待机。为 ON 时，交流上电直接开机；为 OFF 时，交流上电为待机。

（3）Signal Reset　预置工厂信号，在预置过程中此项右边的箭头会改变颜色，预置结束后再变回预置之前的颜色，可以用来判断预置是否完成。

（4）Factory Reset　只恢复工艺要求值，其他不改变。在预置过程中此项右边的箭头会改变颜色，预置结束后再变回预置之前的颜色，可以用来判断预置是否完成。

（5）EEP INIT　所有设置都恢复软件默认值（包括白平衡）。在预置过程中此项右边的箭头会改变颜色，预置结束后再变回预置之前的颜色，可以用来判断预置是否完成。

（6）SW　SW：L _ WX68 _ SS40 _ CHI 080808 为当前软件版本号。

4. Factory Menu 2 菜单

Factory Menu 2 菜单用于白平衡调整，菜单如下：

```
                        Factory Menu 2
Source                    <     TV        >
Color Temperature         <   Standard    >
R Gain                        0 ~ 255
G Gain                        0 ~ 255
B Gain                        0 ~ 255
R Offset                      0 ~ 255
G Offset                      0 ~ 255
B Offset                      0 ~ 255
```

（1）Color Temperature　当前通道的色温，可按左右键进行选择。配合此项，要有信号源选择项，即 Source ＜ TV ＞，采用左右键选择信号源。

（2）R Gain／G Gain／B Gain／R Offset／G Offset／B Offset　当前通道色温对应的 Gain（增益）和 Offset（截止）的值。

5. Factory Menu 3 菜单

Factory Menu 3 菜单主要用于当前通道的图像模式（Video Mode）设置，菜单如下：

```
                Factory Menu 3
Source          <    TV    >
Video Mode      <  Standard   >
Contrast              40
Brightness            40
Tint                  10
Color                 40
Sharpness             40
Backlight             50
Contrast Min          0
Contrast Max          255
Brightness Min        0
Brightness Max        255
Tint Min              0
Tint Max              255
Color Min             0
Color Max             255
Backlight Min         0
Backlight Max         255
```

1）Video Mode：当前通道的图像模式。配合此项，要有信号源选择项，即 Source < TV >，采用左右键选择信号源。

2）Contrast/Brightness/Tint/Color/Sharpness（对比度/亮度/色调/色饱和度/清晰度）为当前通道 Standard 模式对应寄存器的值，对应 OSD 菜单中的默认值。

3）Contrast Min/Contrast Max/Brightness Min/Brightness Max/Tint Min/Tint Max/Color Min/Color Max/Backlight Min/Backlight Max 为寄存器的可调整范围。各项的中间值视具体情况加减。

6. Factory Menu 4 菜单

Factory Menu 4 菜单主要用于当前通道的声音模式（Audio Mode）的设置，菜单如下：

```
                Factory Menu 4
Audio Mode      <  Standard   >
高音                   50
低音                   50
60Hz                  12
75Hz                  10
100Hz                 10
300Hz                 11
1kHz                  10
```

3kHz	10
6kHz	9
10kHz	10
16kHz	10
Volume 15	30
Volume 25	40
Volume 50	50
Volume 75	72
Volume 100	100

1）高音/低音　高/低音控制数据（存放在寄存器中）可调整范围。

2）Volume 15/25/50/75/100：对应寄存器声音曲线的 5 个点，可以对声音曲线进行调整。

7. Factory Menu 5 菜单

Factory Menu 5 菜单用于对各信源（Source）输入进行 ON/OFF 的设置，菜单如下：

Factory Menu 5	
TV	开/关
AV1	开/关
Component1	开/关
USB	开/关
PC	开/关
HDMI	开/关

8. Factory Menu 6 菜单

Factory Menu 6 菜单主要是一些功能选项的开关选项，如语言项、功率演示项等。Factory Menu 6 菜单如下：

Factory Menu 6	
English	开/关
Chinese	开/关
功率演示	开/关
智能省电	开/关
Lvds On Time	3
Lvds Off Time	3
Busoff Menu	开/关
Backlight On Time	5
Backlight Off Time	15

复习思考题

5.5.1　液晶电视机质量检查有哪些内容？

5.5.2　什么是工厂模式调整？

习　题

1. 填空题

（1）我国电视广播技术规定：一帧图像由_____根扫描线组成，一场图像由_____根扫描线组成，行扫描频率是_____Hz，行扫描周期是_____μs，行扫描正程时间是_____μs，行扫描逆程时间是_____μs，场扫描频率是_____Hz，场扫描周期是_____ms，场扫描正程时间是_____ms，场扫描逆程时间是_____ms。

（2）在彩色电视机中，我国彩电广播制式为_____，即_____。

（3）电视信号在传送过程中，图像信号是用_____调制方式发送的，伴音信号是用_____调制方式发送的。

（4）在液晶电视机中，驱动板与液晶面板之间传送的图像信号是_____信号，即低电压差分信号，具有低_____、低_____、低_____及低_____等特点。

2. 判断题

（1）彩色电视机与黑白电视机的主要区别仅是安装了彩色显像管。　　　（　　）

（2）电视机中高频调谐器的主要作用是将接收到的信号调制到高频上。　（　　）

（3）彩色电视机中亮度通道的作用是放大亮度信号和伴音信号。　　　　（　　）

（4）PAL 解码器中的频率分离就是将伴音信号与图像信号分离出来。　　（　　）

（5）在彩色电视机中，延时分离电路延时线的延时时间是 63.943μs。　（　　）

（6）电视广播中的色度 FU 和 FV 两个分量是普通调幅信号。　　　　　（　　）

3. 选择题

（1）电视接收机将接收到的高频信号在高频调谐器内部首先是（　　　）。

A. 放大　　　　　　B. 变为中频　　　　　C. 分离出音频和图像信号　　D. 解码

（2）彩色电视机中，（　　　）输出为中频图像信号（38MHz）和伴音信号（31.5MHz）。

A. 高频调谐器　　B. 中放图像检波　　C. 亮度通道　　　　　　　D. 色度通道

（3）梳状滤波器是将（　　　）分开。

A. 高频图像信号和伴音信号　　　　　　B. 中频图像信号和伴音信号

C. 图像信号和伴音信号　　　　　　　　D. FU、FV 两个色度分量

（4）视频信号的频率范围是（　　　）。

A. 0～6MHz　　　B. 50～80kHz　　　C. 0～465kHz　　　　D. 6～12kHz

（5）PAL$_D$彩电中，彩色副载波频率为（　　　）MHz。

A. 3.58　　　　　B. 4.43　　　　　C. 5.5　　　　　　　D. 6.5

4. 画出 8 频道高频电视信号的频谱结构图。

5. 请分析下列颜色相加混色后的色调：

（1）黄色＋紫色＋青色。

（2）黄色＋青色＋蓝色。

（3）紫色＋绿色＋红色。

6. 以彩条测试图案为例，请画出 R、G、B、Y、R-Y、G-Y、B-Y 波形。

7. PAL 制色度信号数学表达式如下：

$$C = U\sin\omega_s t \pm V\cos\omega_s t$$

试说明"逐行倒相正交平衡调幅"是如何在数学表达式中体现的？

8. 画出色度信号解码电路框图，说明各电路的作用。

9. 什么是液晶的边界取向性质、电气性质及旋光性质？

10. 简述液晶显示基本原理。

11. 液晶显示器件由哪些部件组成？各部件的作用是什么？

12. 在 RF、AV、S-Video、YUV、VGA、HDMI 等输入信号中，哪些属于模拟信号？哪些属于数字信号？哪些已含有声音信号？

13. 在液晶电视机中，通常用到 DDR、EEPROM、FLASH 三种存储器，这三种存储器各有何特点？分别存储什么数据？

14. 请上网查阅背光模组驱动芯片 MP3388 有关资料，画出其内部电路框图。

15. 请在 LED 背光模组驱动电路(见图 5-54)的基础上，将发光二极管(LED)画上去。

第6章　无线电遥控与射频识别技术

顾名思义，"无线遥控器"就是一种用来远程控制机器的装置。时至今日，无线遥控器已经在生活中得到了越来越多的应用，给人们带来了极大的便利。随着科技的进步，无线遥控器也扩展到了许多种类，简单来说常见的有两种，一种是家电常用的红外遥控模式，另一种是防盗报警设备、门窗遥控、汽车遥控等常用的无线电遥控模式。两者各有不同的优势，应用的领域也有所区别。

6.1　红外线遥控技术

6.1.1　红外线遥控技术概述

红外线遥控技术（IR Remote Control）是利用波长为 $0.76 \sim 1.5 \mu m$ 之间的近红外线来传送控制信号的技术。红外线是一种非可见光，属于电磁波的范畴。常用的红外遥控系统一般分发射和接收两个部分。

1. 红外线遥控发射器的组成

红外线遥控发射器的作用是将控制信息以红外光的形式发射出去。红外线遥控发射器由键盘矩阵、遥控专用芯片、驱动放大和红外发光二极管电路组成，如图 6-1 所示。

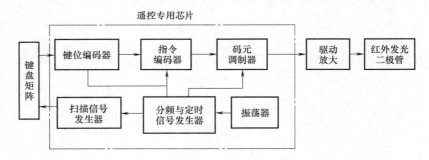

图 6-1　红外线遥控发射器电路组成

发射芯片（遥控专用芯片）中的振荡器产生 455kHz（或 500kHz）振荡信号，经分频后一路送码元调制器作为载波信号；另一路经定时信号形成电路产生时钟脉冲，送发射集成块各相关电路。

2. 键位码的产生

红外线遥控发射器键盘上的任一按键，都赋予了一个特定的二进制代码，称为键位码。

图 6-2 所示是键位扫描电路，若图中微处理器的 K_o 为输出口，K_i 为输入口，各有 4 条引线。将 K_i 和 K_o 的 4 条引线分别组成矩阵的行与列，在其交叉的各点上接上功能控制按键。当按键闭合时，两线相交，电位相等。一个 4×4 矩阵，可安排 16 个功能键。

键扫描输出口在集成块内部定时信号形成电路输出的时钟脉冲作用下，依次输出不同时

序的脉冲，相当于对 1、2、3、4 四条键位进行
电压扫描。按下一个功能按键时，某一行某一列
被接通。键位扫描一次的时间为 10～20ms，而
手触按键最短需 100ms，可保证在按键按下去这
段时间，该按键所在的键位肯定有电压扫描到。

键扫描输入口能根据脉冲出现的线号和时
序，确定按下的是哪一个键，从而获得一组唯一
的按键指令，即键位码。

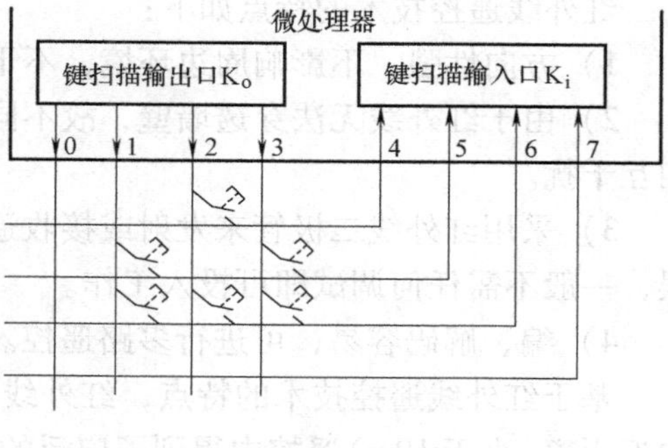

图 6-2　键位扫描电路

3. 指令编码器

键位码只能识别按下的功能键在第几行第几
列的位置，通常不能与接收端的 CPU 配用，所以通过指令编码器对键位码进行码值转换，
获得 CPU 所能识别的遥控编码脉冲。

指令编码器实际上是一个只读存储器（ROM），预先存储了各种功能的编码指令，一般
选用 16 位二进制编码，常将前 8 位定义为用户码，即设备识别码，用以区别不同生产厂家
生产的不同芯片，后 8 位为功能码，用以代表不同的控制功能，通过对编码"0"和编码
"1"的特定组合，可用来定义 2^8 即 256 项功能，如用"00111000"表示亮度增加，用
"00110010"表示电源开/关等。

4. 码元调制与红外光发射

为了减少误动作和降低红外发射二极管的工作电流，指令编码器输出的遥控编码脉冲需
送到码元调制器，对频率为 38kHz（或 40kHz）的载波进行脉冲幅度调制，该载波信号由
455kHz（或 480kHz）振荡器所产生的振荡信号经 12 分频后得到。码元调制器输出的信号经驱
动放大后，激励集成电路外接的红外发光二极管。

5. 红外线遥控发射器的工作过程

综上所述，红外线遥控发射器的工作过程如下：按下遥控器上的某一功能键，按键矩阵
的某一行与某一列接通，经确认为这一按键的功能后，产生该按键的键位码，然后寻址集成
电路内部的数据寄存器，用键位码从指令编码器的 ROM 中取出相对应的遥控编码脉冲，再
对 38kHz（或 40kHz）载波进行脉冲幅度（PAM）调制，最后将已调制的编码脉冲进行缓冲放
大，激励红外发光二极管向外发射中心波长为 940nm 的红外光信号。

6. 红外线遥控信号的接收

接收部分的主要器件为红外接收二极管，一般有圆形和方形两种。在实际应用中要给红
外接收二极管加反向偏压，它才能正常工作，即红外接收二极管在电路中应用时是反向运
用，这样才能获得较高的灵敏度。

由于红外发光二极管的发射功率一般都较小（100mW 左右），所以红外接收二极管接收
到的信号比较微弱，因此要对信号进行高增益前置放大、限幅、带通滤波、检波等处理，以
获得遥控编码脉冲。

7. 红外线遥控技术特点

红外遥控常用的载波频率为 38kHz，这是由发射器所使用的 455kHz 晶振来决定的。发
射器要对晶振进行整数分频，分频系数一般取 12，所以 455kHz÷12≈37.9kHz≈38kHz。也
有一些遥控系统采用 36kHz、40kHz、56kHz 等，一般由发射器晶振的振荡频率来决定。

红外线遥控技术的特点如下：

1）方向性强，不影响周边环境，不干扰其他电气设备。

2）由于红外线无法穿透墙壁，故不同房间的家用电器可使用通用的遥控器而不会产生相互干扰。

3）采用红外线二极管来发射或接收遥控信号，电路调试简单，只要按给定电路连接无误，一般不需任何调试即可投入工作。

4）编、解码容易，可进行多路遥控。

基于红外线遥控技术的特点，红外线遥控技术在家用电器（电视机、DVD、空调器）的室内近距离（小于10m）遥控中得到了广泛的应用。

6.1.2 电视机红外线遥控器

1. 电视机红外线遥控信号发射器

红外线遥控信号发射器电路如图6-3所示，由发射专用集成电路M50462SP、激励驱动管VT、红外发光二极管VL1和键盘矩阵组成。M50462SP内部包括振荡电路、定时电路、扫描信号发生器、指令编码器、码元调制器等电路。振荡电路的振荡频率由M50462SP 2、3脚外接的陶瓷晶体Y1和电容C1、C2决定，若接入455kHz陶瓷谐振器，则振荡频率为455kHz，经分频产生载波信号和定时脉冲信号。

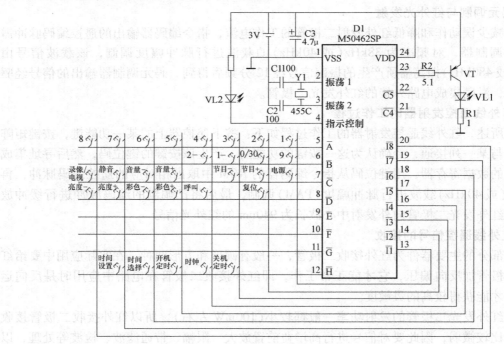

图6-3 红外线遥控信号发射器电路

M50462SP的键位扫描信号输出端5～12脚（在定时脉冲信号的作用下，输出键位扫描脉冲信号）与键位扫描信号输入端13～20脚组成8×8矩阵。按下设在交叉点上的控制按键，集成电路内部的键位编码器即可得到键位码，通过指令编码器进行码值转换后，得到相应的遥控编码指令，然后对 38kHz 载波进行调制和缓冲放大，从 M50462SP 的 23 脚输出遥控编码脉冲调制信号。该信号经 VT 放大驱动，激励红外发光二极管 VL1 发出波长为 940nm 的红外光。

当键盘上任一控制按键按下时，M50462SP 的振荡器起振，M50462SP 向外发射红外遥控信号，同时集成块 4 脚变为低电平，VL2 工作指示二极管点亮；当键盘上无控制按键按下时，振荡器停振，所以电源耗电极小，不设电源开关。21、22 脚为用户码输出端，24 脚是 3V 电源供电端。

2. 电视机红外线遥控信号接收器

红外线遥控信号接收器安装在电视机前面板内，其作用是接收红外光信号，将其解调为遥控编码脉冲，送 CPU 进行识别与处理。红外线遥控信号接收器电路由光敏二极管 VD932 和接收集成电路 CX20106A 组成，如图 6-4 所示。

由红外遥控信号发射器发送的红外光信号经 CX20106A ① 脚外接的红外光敏二极管接收后变为电信号，由集成电路内部前置放大、限幅、带通滤波、检波得到遥控编码脉冲，经整形后从集成块 ⑦ 脚输出，直接送微处理器 M50436-560P ⑤ 脚遥控信号接收端。

CX20106A 内部设置了自动电平偏

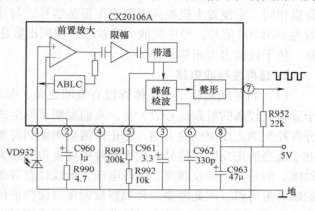

图 6-4　红外线遥控信号接收器电路

置控制（ABLC）电路，使前置放大器具有很大的输入动态范围，保证前置放大器对弱信号处于高增益状态，对强信号处于低增益状态。

CX20106A 主要引脚作用如下：

① 脚：红外遥控光电转换输入端，外接红外光敏二极管。

② 脚：前置放大器外接元件端。外接电阻值大小决定前置放大器的增益。

③ 脚：检波器外接电容端。

⑤ 脚：外接带通滤波器中心频率调节电阻。

⑥ 脚：外接滤波电容。

⑦ 脚：遥控编码脉冲输出端。

⑧ 脚：VCC 供电端。

复习思考题

6.1.1　红外线遥控器有何特点？通常应用在什么场合？

6.1.2　以图 6-3 所示的电路为例，简述红外线遥控信号的发射过程。

6.2　无线电遥控技术

6.2.1　无线电遥控技术概述

红外遥控和无线电遥控（RF Remote Control）是对不同的载波来说的，红外遥控器是用红外线来传送控制信号，无线电遥控器是用无线电波来传送控制信号。

1. 无线电遥控系统组成

常用的无线电遥控系统一般分发射和接收两个部分。

发射部分一般分为两种类型，即遥控器与遥控模块，遥控器可以当一个整机来独立使用，对外引出线有接线柱头；而遥控模块在电路中当一个元件来使用，根据其引脚定义进行应用。使用遥控模块的优势在于可以和应用电路天衣无缝地连接、体积小、价格低、物尽其用，但使用者必须真正懂得电路原理，否则还是用遥控器比较方便。

接收部分也分为两种类型，即超外差与超再生接收方式。超外差式接收方式与超外差收音机相同，它设置本机振荡电路产生振荡信号，与接收到的载频信号混频后，得到中频（一般为465kHz）信号，经中频放大和检波，解调出数据信号。超外差式的接收器稳定、灵敏度高、抗干扰能力也相对较好。

2. 超再生接收电路

（1）再生式接收　在晶体管没有发明之前，早期的电子管很昂贵。为了使用较少的电子管得到较高的射频信号放大量，人们发明了再生式接收机，把射频放大器输出信号的一部分有控制地正反馈到输入端。把正反馈量调整到将要自激振荡、但还没有起振的临界点。借助于适当的正反馈，信号在放大器件中反复得到放大，使简单的接收机也可以获得较高的灵敏度。但是，当接收频率、电源电压、天线位置等条件发生变化时，都会影响再生式接收机的临界振荡点，因此需要经常调整反馈量以保持最佳工作点，这很不方便，而且一旦反馈工作点调得不适合，产生的自激振荡还会从天线辐射出去，造成干扰。

（2）超再生式接收　为了解决再生式接收机需要不断调整的麻烦，人们又发明了超再生式接收机，就是在再生式接收机的基础上增加一个间歇电路，使再生检波电路工作在间歇振荡状态。这一方面可使正反馈量加大到足以自激振荡的程度，使电路由于较强的正反馈而具有很高的接收灵敏度；另一方面给器件加上一个超音频间歇偏置，使放大器的工作点不断在自激振荡和截止关断之间切换。这种超再生接收机只要一级射频电路就可以得到很高的灵敏度，不但可以接收调幅信号，也可以接收调频信号。实际上，超再生接收电路的核心有一个工作在超音频间歇状态的电容三点式振荡器，当振荡频率和接收信号频率（发射频率）相一致时，可利用接收信号来影响振荡信号，从而实现对接收信号的检测。

超再生接收机由于具有电路简单、成本低廉的优点而被广泛采用，主要应用于工业控制、遥控开关、仪器仪表、电气自动化、遥感遥测、计算机通信及安防等领域。

3. 无线电遥控技术特点及应用

与红外线遥控技术相比较，无线电遥控技术的特点如下：

1）无方向性，可以不"面对面"控制。

2）距离远，可达数十米，甚至数千米。

3）采用天线发射（或接收）无线电遥控信号，需要对发射频率进行仔细调试。

4）容易受到电磁干扰。

无线电遥控技术应用在需要远距离穿透或者无方向性的控制领域，比如电动门遥控制、防盗报警器、工业控制以及无线智能家居等，使用无线电遥控器较易解决。

4. 无线电遥控的载波频率

无线电遥控的载波信号波段有长波、超短波（微波），但常用的载波频率为315MHz或者

433MHz，遥控器使用的是国家规定的开放频段，在这一频段内，发射功率小于 10mW、覆盖范围小于 100m 或不超过本单位范围的，可以不必经过"无线电管理委员会"审批而自由使用。

我国的开放频段规定为 315MHz，而欧美等国家规定为 433MHz，所以出口到上述国家的产品应使用 433MHz 的遥控器。

5. 无线电遥控的编码方式

无线电遥控常用的编码方式有固定码与滚动码两种。

固定码的编码容量仅为 6561 个，重码概率极大，其编码值可以通过焊点连接方式被看出，或是在使用现场用"侦码器"来获取，所以不具有保密性，主要应用于保密性要求较低的场合，因为其价格较低所以也得到了大量的应用。

滚动码是固定码的升级换代产品，目前凡有保密性要求的场合，都使用滚动编码方式。滚动码编码方式有如下优点：

1）保密性强。每次发射后自动更换编码，别人不能用"侦码器"获得地址码。

2）编码容量大。地址码数量大于 10 万组，使用中"重码"的概率极小。

3）对码容易。滚动码具有学习存储功能，不需动用烙铁，可以在用户现场对码，而且一个接收器可以输入多达 14 个不同的发射器，在使用上具有高度的灵活性。

4）误码小。由于编码上的优势，使得接收器在没有收到本机码时的误动作几乎为 0。

6. 影响无线电遥控距离的因素

影响无线电遥控距离的因素有以下几点：

1）发射功率。发射功率大则距离远，但耗电大，容易产生干扰。

2）接收灵敏度。接收器的接收灵敏度提高，遥控距离增大，但容易受干扰而造成误动或失控。

3）天线。采用直线型天线，并且相互平行，遥控距离远，但占据空间大，在使用中把天线拉长、拉直可增加遥控距离。

4）高度。天线越高，遥控距离越远，但受客观条件限制。

5）阻挡。目前使用的无线遥控器使用国家规定的 UHF 频段，其传播特性和光近似，直线传播，绕射较小，发射器和接收器之间如有墙壁阻挡将使遥控距离大大缩短，如果是钢筋混凝土的墙壁，由于导体对电波的吸收作用，影响更甚。

6.2.2　无线编码遥控门铃装配与调试

通过对无线编码遥控门铃的装配与调试，可达到以下实训目的：

1）了解无线电遥控信号的编码、发射与接收过程。

2）掌握 JC618 无线编码遥控门铃电路的工作原理及元器件的作用。

3）学会无线编码遥控门铃电路的调试方法与技巧。

4）训练电子技术职业技能，培养工程实践观念及严谨细致的科学作风。

1. 无线编码遥控门铃发射器电路

无线编码遥控门铃发射器电路如图 6-5 所示，本电路主要由 PT2262 芯片组成。

（1）PT2262 芯片　PT2262 是一种 CMOS 工艺制造的低功耗、低价位通用 8 位编码发射器芯片，其第 1～6 脚是地址编码（A0～A5）输入端，每个输入端可以有三种状态，即"0"、

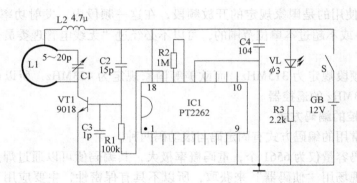

图 6-5　无线编码遥控门铃发射器电路

"1"和"开路"，其中"0"表示接低电平，"1"表示接高电平；第 7、8、10～13 脚为地址或数据（A6/D0～A11/D5）编码输入端。因此，PT2262 最多可有 12 位（A0～A11）三态地址端引脚（悬空、接高电平、接低电平），任意组合可提供 531441 种（3 的 12 次方）地址码。PT2262 最多可有 6 位（D0～D5）数据端引脚，设定的地址码和数据码从 17 脚串行输出，可用于无线遥控发射电路。第 14 脚是编码启动端，用于多数据的编码发射，低电平有效，即当此脚接地时，PT2622 输出端则发出一组编码脉冲。第 15、16 脚是内置振荡器，外接几百千欧到几兆欧的电阻即可产生振荡。第 18、9 脚分别是 12V 电源的正、负极。

（2）高频发射电路　由 VT1、L1、L2、C1、C2、C3 组成 315MHz 高频发射电路，PT2262 第 17 脚输出经调制的串行数据信号，在 17 脚为高电平期间，315MHz 的高频发射电路起振并发射等幅高频信号，当 17 脚为低电平期间，315MHz 的高频发射电路停止振荡。所以高频发射电路完全受控于 PT2262 的 17 脚输出的数字信号，从而对高频电路完成幅度键控（Amplitude-Shift Keying，ASK），相当于调制度为 100% 的调幅。当调制的数字信号为"1"时，传输 315MHz 载波；当调制的数字信号为"0"时，不传输 315MHz 载波。

2. 无线编码遥控门铃接收器电路

无线编码遥控门铃接收器电路如图 6-6 所示，此电路主要由超再生接收电路、PT2272 解码器芯片及音乐芯片组成。

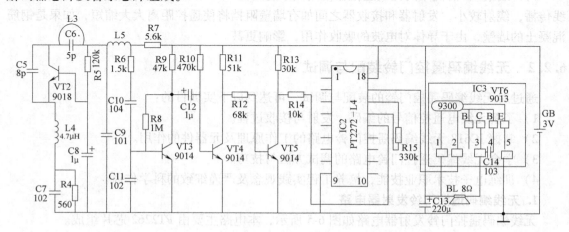

图 6-6　无线编码遥控门铃接收器电路

（1）PT2272 芯片　PT2272 第 1～6 脚为地址（A0～A5）引脚，用于进行地址编码，可置为"0"、"1"及"开路"，必须与 PT2262 一致，第 17 脚才会输出高电平，否则不解码。PT2272 第 7、8、10～13 脚为地址或数据（A6/D0～A11/D5）引脚，当选择为数据引脚时，只有在地址码与 PT2262 一致时，数据引脚才能输出与 PT2262 数据端对应的高电平，否则输出为低电平，锁存型只有在接收到下一数据时才能转换。PT2272 的第 15、16 脚为振荡脚，外接电阻值为几百千欧即可。

（2）电容三点式振荡器　由 VT2 及相应外围元件 L3、L4、C5、C6 组成超再生接收电路。首先，C8、C9 对振荡信号视为短路，从而使 VT2 成为共基极电路，并使 L3、C6 以交流方式连接在 VT2 的 b 极与 c 极之间。电容 C5 和 VT2 的 be 结电容构成分压反馈，使 VT2 成为电容三点式振荡器。

（3）间歇振荡　振荡器工作时，随着振荡幅度增加，VT2 电流增加，这个电流给 C7 充电，使其两端电压升高，VT2 的 be 极间电压下降，即工作点开始降低。当降低到一定程度时，电路开始停振，VT2 电流随振荡逐渐停止而减小，此时 C7 开始通过 R4 放电，C7 两端电压降低，VT2 的 be 极间电压回升，振荡幅度开始回升，重复前面的过程。因此振荡器工作在一个间歇振荡状态，振荡的波形类似有三角波或类似方波包络线的调幅信号，间歇频率由 C7、R4 决定，约为它们乘积的倒数。

（4）信号接收　当天线 L3 接收的信号频率与电路振荡频率接近或者一致时，对电路的振荡幅度有加强作用，此时电路正式进入超再生状态。因此，天线接收信号幅度大，间歇振荡建立快，间歇振荡能达到的最大振幅就大，反之同理。因此高频间歇振荡在每个间隙之间能达到的最大振荡幅度是随天线接收信号的幅度变化而变化的，而间歇振荡的包络线就是天线接收信号的包络线，而天线接收信号的包络线就是编码信号，因此达到解调制的目的。

（5）放大与译码　超再生电路解调出的编码信号，由 L5、R6、C10、C11 低通滤波耦合到 VT3 基极，再经 VT3、VT4、VT5 三级整形放大后，从 PT2272 的 14 脚输入。PT2272 对 14 脚输入的编码信号进行译码后，从 17 脚输出高电平，触发音乐芯片 IC3（9300）工作，音乐信号经放大后推动扬声器工作。

（6）PT2262/2272 芯片的地址编码设定和修改　在实际应用中，一般采用 8 位地址码和 4 位数据码，这时编码电路 PT2262 和解码 PT2272 的第 1～8 脚为地址设定脚，有三种状态可供选择：悬空、接正电源、接地，3 的 8 次方为 6561，所以地址编码不重复度为 6561 组，只有发射端 PT2262 和接收端 PT2272 的地址编码完全相同时，才能配对使用。遥控模块的生产厂家为了便于生产管理，出厂时令遥控模块的 PT2262 和 PT2272 的八位地址编码端全部悬空，这样用户可以很方便地选择各种编码状态，用户如果想改变地址编码，只要将 PT2262 和 PT2272 的 1～8 脚设置相同即可。例如将发射器的 PT2262 的第 1 脚接地，第 5 脚接正电源，其他引脚悬空，那么接收器的 PT2272 的第 1 脚也接地，第 5 脚也接正电源，其他引脚也悬空，才能实现配对接收。当两者地址编码完全一致时，接收器对应的 D1～D4 端输出约 4V 互锁高电平控制信号，同时 17 脚也输出解码有效高电平信号，从而使门铃发出响声。

3. 无线编码遥控门铃的装配

无线编码遥控门铃印制电路板电路如图 6-7 所示。电路使用最常见的 PT2262/PT2272 作为编解码芯片，用户通过设置在印制电路板上预留的焊点进行短接，就可以方便地实现自由编码，只要发射器与接收器所设编码一致，就可以实现正确的编解码。发射机使用一节 23A

规格的12V电池(与某些汽车遥控器、钥匙扣遥控器中的电池一样),接收机使用2节5号电池。电池需用户自备。

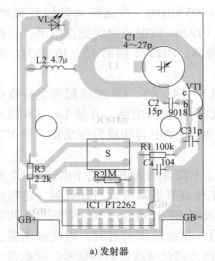
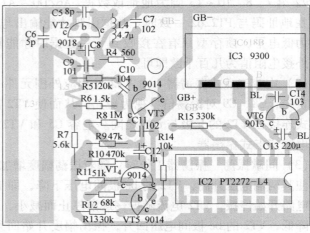

a) 发射器　　　　　　　　　　　　　　　b) 接收器

图 6-7　无线编码遥控门铃印制电路板电路

首先,清点电路的所有元器件,并进行检测。然后将元器件按照印制电路板上的标识位置进行焊接,要注意元器件的极性方向,如电解电容、发光二极管、晶体管、集成电路等。

在发射电路中,微动开关、发光二极管、微调电容要安装在印制电路板覆铜的那一面,电池极片与印制电路板之间用剪下的多余元器件引脚线连接起来。组装时,将套件内的一小块泡沫放置在塑料按钮下,与外壳一起组装,可使按键动作灵活。

发射与接收电路安装完成后,要认真检查电路有无错焊、漏焊、短路等不正常现象,并及时修改更正。发射与接收电路的编码方式必须保持一致。

4. 无线编码遥控门铃的调试

1) 通电测量各级静态电压。参照说明书中给出的参考点电压进行测试即可,在接收电路中,VT2、VT3、VT4、VT5 的集电极电压分别为 1.3V、0.8V、0V、2.4V,基极电压分别为 0.8V、0.6V、0.6V、0V。

2) 手摸天线线圈时,VT3 集电极电压应该有 0.1~0.2V 的波动,VT4 集电极电压应该有 0~0.6V 的波动,VT5 集电极电压应该有 0.8~2.4V 的波动。

3) 发射电路在微动开关接通时,编码芯片 PT2622 的 17 脚电压应该从 0V 变为 1.7V,VT1 基极电压为 0.1V 左右,若将电容器 C1 短路,该电压将变为 0.3V,这说明振荡器起振。

4) 各级电压正常后,可以调节发射器中的 C1 来调整发射载频。因为载频为 MHz 数量级,调节 C1 要用无感螺钉旋具,并且手不要触摸任何元器件,以免导致频率漂移。

5) 如果每次在近距离按下发射器微动开关时,门铃可以发声,说明电路基本正常,这时就可以逐渐拉开距离进行实验。仔细调节 C1,可以使遥控距离在开阔地达到 30m 以上。如果近距离发声而远距离不发声,应仔细检查微调电容 C1 及相关电路。

6) 最后进行编码实验,门铃的发射电路和接收电路的编码、解码方式应保持一致,这样才能保证正常接收。

7) 在调试过程中,应特别注意微调电容的调节,因为只有调制与解调的频率相比拟才能正常地解调出发射信号。

复习思考题

6.2.1 无线电遥控器有何特点？通常应用在什么场合？

6.2.2 什么是再生接收方式？什么是超再生接收方式？

6.2.3 简述图 6-6 所示的超再生接收电路的工作原理。

6.3 射频识别技术

射频识别（Radio Frequency Identification，RFID）技术俗称电子标签技术，是无线电技术在自动识别领域的具体应用，它通过射频信号自动识别目标对象并获取相关数据。射频识别技术是一种快速、实时、准确采集与处理信息的高新技术，被列为 21 世纪十大重要技术之一，广泛应用于生产、管理、物流等各个领域。

射频识别技术是一种非接触的自动识别技术，其基本原理是利用射频信号和空间耦合（电感或电磁耦合）或雷达反射的传输特性，实现对被识别物体的自动识别。

6.3.1 RFID 系统组成与工作原理

1. RFID 系统的基本组成

RFID 系统组成示意图如图 6-8 所示，它主要由电子标签、读写器及天线组成。

图 6-8 RFID 系统组成示意图

2. 电子标签（Tag）

电子标签又称射频识别标签，电子标签主要由存有识别代码的大规模集成电路芯片和收发天线构成，如图 6-9 所示。目前电子标签主要为无源式，使用时的电能取自天线接收到的无线电波能量。电子标签附着在物体上标识目标对象。

电子标签的电路组成如图 6-10 所示，各单元电路作用如下：

（1）天线（Antenna） 接收、感应、读取由读写器传送的信号和能量，并把所要求的数据再经天线回传给读写器。

（2）AC/DC（整流、滤波 & 稳压电路） 把读写器传送的射频信号转换成 DC 电源，并经足够大的电容存储电源能量，再由稳压电路提供 IC 稳定的电源。

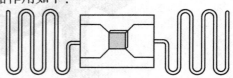

图 6-9 电子标签（集成电路芯片 + 收发天线）

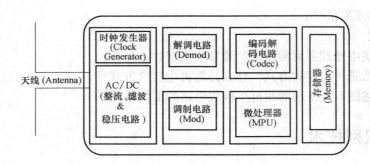

图 6-10　　　电子标签的电路组成

（3）解调电路(Demod)　将由读写器传送的信号载波频率滤除，以取出真正的调制识别信号。

（4）调制电路(Mod)　将数字编码电路或微处理器所送出的编码信息进行调制，调制后由天线送回读写器。

（5）编码解码电路(Codec)　对解调后的信号再进行译码，也可对内存中所存放的数据进行编码。

（6）存储器(Memory)　为系统存放识别码数据，通常使用 EEPROM、SRAM、ROM 等，分别存放不同的数据类型。

（7）微处理器(MPU)　对读写器所传送的信号进行译码动作，并依照要求回送数据给读写器，如果为有加密的 RFID 系统，则必须设计做加、解密动作的电路。

（8）时钟发生器(Clock Generator)　产生数字电路所需要的标准时钟信号。

需要说明的是，随着不同的应用环境和系统功能，会有不同的芯片电路组成。例如，应用于门禁出入管理的电子标签，基于安全性考虑，其功能多于应用于取代商品条形码的电子标签的功能，相对的电子标签上的芯片电路组成就会比较复杂一些。

3. 读写器(Reader)

读写器又称读头、阅读器、查询器、扫描器等，读写器是 RFID 系统信息控制和处理中心。RFID 读写器通过天线进行无线通信，可以实现对标签识别码和内存数据的读出或写入操作。典型的读写器含有高频模块（发送器和接收器）、控制单元以及读写器天线。读写器可设计为手持式或固定式，如图 6-11 所示。

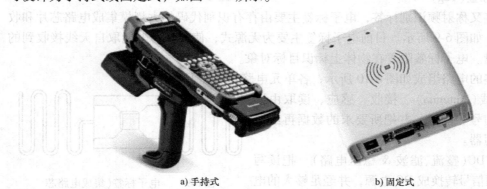

a) 手持式　　　　　　　　　　　　b) 固定式

图 6-11　手持式与固定式读写器

读写器电路组成如图 6-12 所示，各单元电路作用如下：

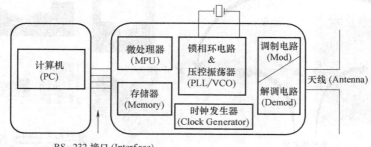

图 6-12　读写器电路组成

（1）天线（Antenna）　用来发送无线信号（包括时钟、数据、能量）给所有使用端的电子标签，并且接收从标签所传送回的无线信号。

（2）调制电路（Mod）　对所要传送给 RFID 标签端的数字编码信号进行调制，然后再将这个调制信号传送给射频电路的功率放大器或天线的驱动放大器，最后经由天线辐射出去。

（3）解调电路（Demod）　对从标签端传送的微弱射频信号进行解调，解调将得到原数字编码信号，然后再送到微处理器作数据的处理。

（4）时钟发生器（Clock Generator）　负责产生 RFID 系统所有数字逻辑电路的标准工作时钟。

（5）锁相环电路 & 压控振荡器（PLL and VCO）　压控振荡器产生射频调制所需要的载波信号，并由锁相环维持载波信号频率的准确性。

（6）微处理器（MPU）　负责控制所有数字编译码数据的处理及协调读写器内主要电路的运行，同时负责把传送或接收的数据传回给计算机。若应用于有加密的 RFID 系统，则必须做加、解密电路的动作。

（7）存储器（Memory）　为 RFID 系统运行存放所有识别的数据。

（8）RS-232 接口（Interface）　负责微处理器（MPU）电路和计算机（PC）之间的联机。

4. 天线（Antenna）

天线的作用是在标签和读写器之间传递射频信号。在 RFID 系统中，天线分为电子标签天线和读写器天线。电子标签天线尺寸要小，成本要低。对于近距离 RFID 系统，天线一般和读写器集成在一起；对于远距离 RFID 系统，天线和读写器常采取分离式结构，并通过阻抗匹配的同轴电缆将读写器和天线连接到一起。

低频和高频 RFID 天线都采用线圈的形式，线圈可以是圆形环，也可以是矩形环，如图 6-13a 所示；微波 RFID 天线与低频、高频 RFID 天线相比有本质上的不同，可以采用对称振子天线、微带天线、阵列天线和宽带天线等，如图 6-13b 所示。

5. RFID 技术的工作原理

（1）RFID 技术的基本流程　读写器通过发射天线发送一定频率的射频信号，当电子标签进入发射天线工作区域时产生感应电流，电子标签获得能量被激活；电子标签将存储在芯片中的自身编码信息通过标签内置天线发送出去（无源标签或被动标签），或者主动发送某一频率的自身编码信息（有源标签或主动标签）；读写器通过天线读取信息并解码后，送至

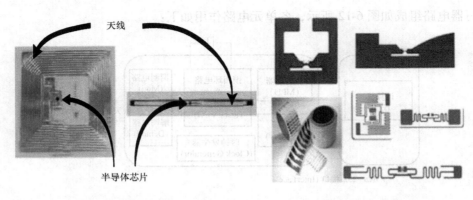

a) 低频和高频 RFID 天线　　　　　　　　　　　　b) 微波 RFID 天线

图 6-13　RFID 天线

中央信息系统进行有关数据处理。

（2）读写器与电子标签之间的射频信号耦合类型　读写器与电子标签之间的射频信号耦合有电感耦合、电磁反向散射耦合两种方式。电感耦合采用变压器模型，通过空间高频交变磁场实现耦合，依据的是电磁感应定律，一般低频的 RFID 大都采用电感耦合，读写距离小于 1m，典型值为 10～20cm。电磁反向散射耦合采用雷达模型，发射出去的电磁波碰到目标后反射，同时携带回目标信息，依据的是电磁波空间传播规律，一般高频的 RFID 采用电磁反向散射耦合，读写距离大于 1m，典型值为 3～10m。

6. RFID 系统的主要性能指标

（1）电子标签的存储容量　只读电子标签的存储容量为 20B，无源可读/写电子标签的存储容量为 48～736B 不等，有源可读/写电子标签的存储容量为 8B～64KB 不等。

（2）数据传输速度　数据传输速度分为只读速度、有源读/写速度和无源读/写速度。只读速度取决于代码长度、数据发送速度、读写距离等因素；有源读/写速度除了从标签上读出速度外，还有标签的无线写入速度；无源读/写速度与有源系统一样，不过还要考虑激活电子标签上的电容充电的时间。

（3）识读距离　识读距离越大，标签就越贵。距离为几毫米的标签，可被嵌入钞票与证件。物流业应用的标签，则需要 3m 以上的距离。

（4）多个标签识别能力　在实际应用中，有多标签同时被识别的要求。如邮政系统的 RFID 应用，当邮件袋穿过通道天线时，就可以向袋中所有信件的电子标签读/写数据。

6.3.2　RFID 电子标签的分类

电子标签是射频识别系统的数据载体，电子标签由标签天线和标签专用芯片组成。

电子标签依据供电方式的不同可分为有源电子标签（Active Tag）、无源电子标签（Passive Tag）。有源电子标签内装有电池，寿命有限（3～10 年），成本要高一些，适用于远距离读写的应用场合。无源射频标签没有内装电池，利用读写器发射的电磁波提供能量，重量轻，体积小，寿命长，很便宜，读写距离近。

电子标签依据频率的不同可分为低频电子标签、高频电子标签、超高频和微波电子标签。低频识读距离一般较短，高频较长，超高频最长。

　　电子标签依据使用的存储器不同可分为只读标签与可读写标签。只读标签用于对特定的标识项目，如人、物、地点进行标识。可读写标签比只读标签贵得多，如电话卡、信用卡等。

　　电子标签依据封装形式的不同可分为信用卡标签、线形标签、纸状标签、玻璃管标签、圆形标签及特殊用途的异形标签等，形形色色的电子标签如图 6-14 所示。

　　电子标签依据用途不同可分为车辆标签、货盘标签、物流标签、金属标签、图书标签、液体标签、动物标签、人员门禁标签、门票标签、行李标签等。

1. 低频电子标签(125～135kHz)

　　RFID 技术首先在低频得到广泛的应用和推广，主要是通过电感耦合的方式进行工作，也就是在读写器线圈天线和电子标签线圈天线之间存在着变压器耦合作用。低频标签一般为无源标签，通过读写器交变场的作用，在电子标签线圈中感应的电压被整流，可作供电电压使用。低频电子标签主要特性如下：

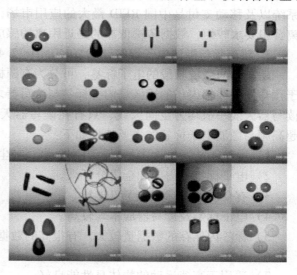

图 6-14　形形色色的电子标签

1）除金属材料外，一般低频能够穿过任意材料而不降低它的读取距离。

2）读写器在全球没有任何特殊的许可限制。

3）射频识别系统一般都有相应的国际标准。

4）电子标签的成本较低。

5）标签内保存的数据量较少，数据传输速率比较慢。

6）识读距离较短(无源情况,典型识读距离为 10cm)。

7）电子标签外形多样(卡状、环状、钮扣状、笔状)。

8）阅读天线方向性不强。

9）安全保密性差，易被破解。

　　低频标签非常适合于近距离、低速度、数据量要求较少的识别场合，如自动停车场收费、酒店门锁系统等。

2. 高频电子标签(13.56MHz)

　　高频电子标签一般也为无源方式，同低频标签一样，也是通过电感耦合方式从读写器耦合线圈的辐射近场中获得。标签与读写器进行数据交换时，标签必须位于读写器天线辐射的近场区内。天线不再需要线圈绕制，可以通过腐蚀或者印刷的方式制作天线。高频电子标签主要特性如下：

1）除了金属材料外，波长可以穿过大多数的材料，但是往往会降低读取距离。

2）读写器在全球没有特殊的限制。

3）最大识读距离为 1.5m。

4）可以同时读取多个电子标签。

5）可以把某些数据信息写入标签中。

6）数据传输速率比低频要快，价格不是很贵。

当前，中国 RFID 主要应用在 13.56MHz 的高频频段，一是高频技术成熟且标准在世界范围内得到统一；二是从中国 RFID 的主要应用环境来看，电子票证（车票、身份证）、门禁系统以及移动支付是中国 RFID 最大的应用市场，这些领域对 RFID 标签与读写机的工作距离普遍要求较短，数据传输依靠的是近距离的感应耦合，不一定是远距离电磁波传输。

3. 超高频与微波电子标签（860～960MHz、2.45GHz、5.8GHz）

超高频与微波频段的电子标签，可分为有源标签与无源标签两类。工作时，电子标签位于读写器天线辐射场的远区场内，标签与读写器之间的耦合方式为电磁反向散射耦合方式。读写器天线一般均为定向天线，只有在读写器天线定向波束范围内的电子标签可被读/写。超高频与微波电子标签的主要特性如下：

1）电波不能通过许多材料，特别是水、灰尘、雾等悬浮颗粒物质。

2）电子标签不需要和金属分开来。

3）有众多的国际标准予以支持。

4）电子标签及读写器成本均较高。

5）标签内保存的数据量较大，有很高的数据传输速率。

6）识读距离较远（可达几米至十几米）。

7）适用于高速运动的物体且性能良好。

8）具有防冲突机制，适用于多标签读取。

9）读写器天线及电子标签天线均有较强的方向性。

10）有全球唯一的 ID 号，安全保密性好，不易被破解。

超高频与微波电子标签适合于远距离、高速度、数据量大及移动物体的识别，典型应用包括移动车辆识别、生产线自动化管理、航空包裹管理、集装箱管理及仓储物流应用等。

6.3.3　RFID 技术的典型应用

RFID 技术适用领域十分广泛，下面是 RFID 技术的应用实例。

1. RFID 在物流配送中的应用

传统物流配送存在的主要问题：存货统计缺乏准确性；很多订单填写不完全；通常因出错或偷盗造成的货物损耗达 1.71%；清点货物效率低等。针对这些问题可在物流配送过程中应用 RFID 技术，提高物流配送的管理水平。

（1）入库和检验　当贴有电子标签的货物运抵配送中心时，入口处的读写器自动识别标签，根据获得的信息，管理系统自动更新存货清单，同时将货物发往正确的地点。

（2）整理与补充货物　装有移动读写器的运送车自动将货物送到正确的位置，并更新存货清单，记录最新的货物位置。当存货不足时，自动向管理中心发出补充货物申请；如果货物堆放在错误位置，读写器随时向管理中心报警。

（3）订单状态管理　仓库管理人员通常根据订单开始拣货、验货、配送等一连串物流作业。通过 RFID 系统，为订单设置状态，实现对订单的跟踪管理，最大限度地减少错误的发生，同时也大大节省了人力。

（4）货物的出库运输　应用 RFID 技术，货物出库经过出口处读写器的有效区域时，读写器自动读取货物标签上的编号、名称、数量等信息，完成核对与出库操作，准确率大大提高。

2. RFID 在生产线中的应用

在生产线推进 RFID 技术的应用，有利于提高制造业的生产水平。

现有企业在生产线上采集数据是基于条码，条码的局限性有：只能识别一类产品，无法识别单品；必须将条码对准扫描仪才有效；条码易撕裂或污损；需大量人工操作。

与条码相比，RFID 逐渐显示出它独特的优势，诸如使用寿命长、可重复使用、耐恶劣环境、非接触式识别、读取距离远、能同时识别多个标签、数据可加密、读取数据容量大等。给产品贴上 RFID 标签后，标签代表了产品的唯一性，从而可以实现对产品的全程质量跟踪，掌握产品各工序记录，记录售后维修的详细数据。

例如，海尔集团特种冰箱事业部部署的 RFID 流程主要包括：从组装线产品上线开始粘贴 RFID 标签，在每个工位上采集组装信息；产品下线进入周转库时利用 RFID 标签采集入库信息，并监控库存信息，以提高库存周转；产品从周转库出库时采集 RFID 信息，并进入分公司配送仓库，在入库时批量采集产品信息；在分公司配送仓库出库时，批量采集产品信息。RFID 技术提升了海尔集团在供应链管理，特别是生产制造过程中的管理水平，此项目已成为我国电子产品制造商应用 RFID 技术的示范工程。

3. RFID 在车辆管理中的应用

车辆管理中的 RFID 技术如图 6-15 所示。利用 RFID 技术，将车辆标签粘贴于汽车风窗玻璃上部内表面，再利用天线与读车器对进入企业的车辆信息进行不停车自动采集，并根据车辆具有的权限让其进入或阻止其进入。另外，还可以对进出企业的车辆进行分类，如固定车辆与临时车辆。

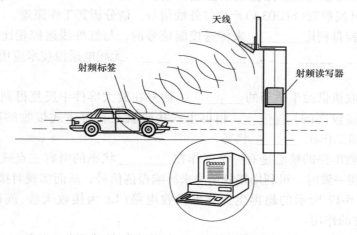

图 6-15　车辆管理中的 RFID 技术

比如在深圳大学生运动会期间，通过采用 RFID 技术的电子车证，快速、精确地识别大运会车辆，提高查验效率和定位功能，防止非法车辆闯入大运会禁区，同时及时掌握车辆的运行状况，对进入所有竞赛场馆、大运村、大运会国际广播电视新闻中心安保周界的车辆进行停车证件查验。保证运动会安全顺利举行，也可使运动会期间城市道路系统的压力减至最低。

4. RFID 在防伪中的应用

防伪技术就是识别真伪、防止假冒的技术。RFID 防伪的原理就是将商品的唯一识别号（ID）即防伪码（加密）写在 RFID 芯片中，芯片被制作成电子标签，电子标签被附加在商品上，使它成为商品不可分割的一部分，从而达到密码唯一、识别容易、难以仿造。

比如在深圳大学生运动会闭幕式中，门票采用 RFID 芯片防伪技术。该门票从设计、制版、造纸、印刷、芯片复合、质检到封装，每一道工序都是在中钞行业内部完成，具有极高的安全性和保密性。门票的 RFID 芯片拥有全球唯一编码，在持票人身份认证方面具有唯一性，无法复制。

复习思考题

6.3.1　何谓 RFID 技术？

6.3.2　简述 RFID 系统的组成及基本原理。

6.3.3　无源电子标签与有源电子标签各有何特点？

6.3.4　低频电子标签、高频电子标签及微波电子标签各有何特点？

习　题

1. 红外线遥控是利用波长为＿＿＿＿＿＿＿＿之间的近红外线来传送控制信号，红外线遥控技术的特点是＿＿＿＿＿＿、＿＿＿＿＿＿、＿＿＿＿＿＿、＿＿＿＿＿＿，红外线遥控技术在＿＿＿＿＿＿遥控中得到了广泛的应用。

2. 图 6-16 是红外线四通道发射器电路，利用不同宽度的脉冲调制红外光进行多通道的发送和接收，用于对家电或多路控制装置进行遥控。由 555 和 RP1 ～ RP4、R1、C1 组成多谐振荡器，由红外发射管（SE303A）产生红外线信号，请分析其工作原理。

3. 无线电遥控是利用＿＿＿＿＿＿来传送控制信号的，与红外线遥控相比较，无线电遥控的特点是＿＿＿＿＿＿、＿＿＿＿＿＿、＿＿＿＿＿＿、＿＿＿＿＿＿。无线电遥控技术应用在＿＿＿＿＿＿＿＿领域。

4. 再生式接收机借助于适当的＿＿＿＿＿＿，信号在放大器件中反复得到放大，使简单的接收机也可以获得较高的＿＿＿＿＿＿。超再生式接收就是在再生式接收的基础上增加一个＿＿＿＿＿＿，使电路工作在＿＿＿＿＿＿状态。

5. 超再生接收电路的核心是有一个工作在＿＿＿＿＿＿状态的电容三点式振荡器，当振荡频率和＿＿＿＿＿＿相一致时，可利用接收信号来影响振荡信号，从而实现对接收信号的检测。

6. 请分析图 6-17 所示的超再生无线电接收电路（L1 为接收天线，间歇振荡频率约为 120kHz）各元器件的作用。

7. 通过上网查询，画出一个 PT2262/2272 芯片在红外线遥控（发射和接收）电路中应用的典型原理图。

8. 写出 JC618 编码遥控门铃装配与调试的实训报告，实训报告应包括的内容：①实训目的；②实训器材；③画出编码遥控门铃的电路原理图；④编码遥控门铃电路各元器件作用说明；⑤编码遥控门铃的调试情况；⑥实训过程中曾排除了哪些故障；⑦实训体会。

9. 射频识别（RFID）技术俗称＿＿＿＿＿＿技术，是无线电技术在＿＿＿＿＿＿领域的具体应用，它通过＿＿＿＿＿＿自动识别目标对象并获取相关数据。

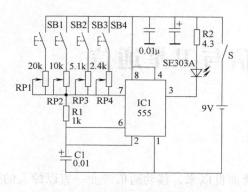

图 6-16　红外线四通道发射器电路

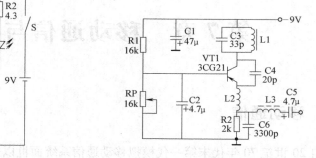

图 6-17　超再生无线电接收电路

10. RFID 系统主要由＿＿＿＿＿、＿＿＿＿＿及＿＿＿＿＿组成。电子标签附着在物体上，它主要由存有＿＿＿＿＿的＿＿＿＿＿和＿＿＿＿＿构成。目前电子标签主要为＿＿＿＿＿式，使用时的电能取自天线接收到的无线电波能量；读写器是＿＿＿＿＿系统信息控制和处理中心；天线的作用是在＿＿＿＿＿和＿＿＿＿＿之间传递射频信号。

11. 通过上网查询，介绍一个 RFID 具体应用的例子。

第7章 移动通信与卫星通信

7.1 移动通信

自20世纪70年代末第一代模拟移动通信系统面世以来，移动通信产业一直以惊人的速度迅猛发展，并对人类生活及社会发展产生了重大影响。移动通信（Mobile Communication）是移动体之间的通信，或移动体与固定体之间的通信。移动体可以是人，也可以是汽车、火车、轮船、收音机等在移动状态中的物体。

7.1.1 移动通信概述

移动通信系统由移动台（MS）、基站（BS）、移动交换中心（MSC）组成，其中移动台包括车载台与手机。若要同某移动台通信，移动交换局通过各基站向全网发出呼叫，被叫台收到后发出应答信号，移动交换局收到应答后分配一个信道给该移动台并从此话路信道中传送一信号使被叫台振铃。

1. 移动通信的使用频段

我国移动通信使用频段原则上参照国际划分规则，我国正在大量使用900MHz及1.8GHz等频段。

（1）中国移动　第二代移动通信技术为GSM，频段：890～909MHz（移动台发）、935～954MHz（基站发）；第三代移动通信技术为TD-SCDMA，频段：1880～1900MHz（移动台发）、2010～2025MHz（基站发）。

（2）中国联通　第二代移动通信技术为GSM技术，频段：909～915MHz（移动台发）、954～960MHz（基站发）；第三代移动通信技术为WCDMA，频段：1940～1955MHz（移动台发）、2130～2145MHz（基站发）。

（3）中国电信　小灵通频段：1900～1920MHz；第三代移动通信技术为CDMA2000，频段：1920～1935MHz（移动台发）、2110～2125MHz（基站发）。

2. 移动通信的特点

（1）移动性　就是要保持物体在移动状态中的通信，因而它必须是无线通信，或无线通信与有线通信的结合。

（2）电波传播条件复杂　因移动体可能在各种环境中运动，电磁波在传播时会产生反射、折射、绕射、多普勒效应等现象，容易产生多径干扰、信号传播延迟和展宽等效应。

（3）噪声和干扰严重　在城市环境中的汽车火花噪声、各种工业噪声，移动用户之间的互调干扰、邻道干扰、同频干扰等。

（4）系统和网络结构复杂　它是一个多用户通信系统和网络，必须使用户之间互不干扰，协调一致地工作。此外，移动通信系统还应与市话网、卫星通信网、数据网等互连，整个网络结构是很复杂的。

（5）频带利用率 要求频带利用率高、设备性能好。

3. 移动通信系统的类型

移动通信系统类型很多，可按不同方法进行划分。

1）按使用对象分：军用、民用。

2）按用途和区域分：陆上、海上、空间。

3）按经营方式分：公众网、专用网。

4）按通信网的制式分：集群（大区制）、蜂窝（小区制）。

5）按无线电频道工作方式分：单工制、半双工制、双工制。

6）按信号性质分：模拟、数字。

7）按调制方式分：调频、调相、调幅。

8）按多址复接方式分：频分多址（FDMA）、时分多址（TDMA）、码分多址（CDMA）。

4. 单工制、双工制、半双工制移动通信

（1）单工制 单工制移动通信如图 7-1 所示，单工制是指发送时不接收，接收时不发送。单工制采用"按键"控制方式，通常双方接收机均处于守候状态。此工作方式设备简单，功耗小，但操作不便，通话时易产生断断续续的现象。一般应用于用户少的专用调度系统。

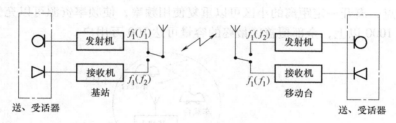

图 7-1 单工制移动通信

（2）双工制 双工制移动通信如图 7-2 所示，双工制是指收发双方采用一对频率（f_1、f_2）使基站、移动台同时工作。这种方式操作方便，但电能消耗大（不管是否发话，发射机始终工作）。模拟或数字式的蜂窝电话系统都采用双工制。

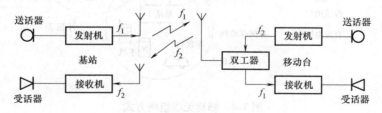

图 7-2 双工制移动通信

（3）半双工制 半双工制是基站双工工作、移动台单工工作，信息双向传输使用两个频率。这种方式设备简单，功耗小，克服了通话断断续续的现象，但操作仍不大方便。半双工制主要用于专用移动通信系统。

5. 集群移动通信与蜂窝移动通信

（1）集群移动通信 集群移动通信如图 7-3 所示。集群移动通信也称为"大区制"移动通信，它的特点是只有一个基站（BS），天线高度为几十米至百余米，覆盖半径为 30km，

发射机功率可高达200W。移动台(MS)约为几十至几百个，可以是车载台，也可是以手持台，它们通过基站相互通话。移动台也可以通过基站及市话交换局与公共交换电话网(PSTN)上的用户通话，基站与市话交换局采用有线连接。大区制的优点是网络结构简单、建设成本低。大区制的缺点是只有一个基站，可容纳的用户数为几十至几百个，不适合用户数量很大的服务区。

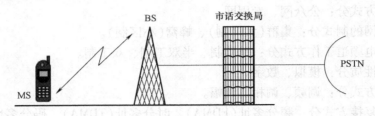

图 7-3　集群移动通信

（2）蜂窝移动通信　蜂窝移动通信也称为"小区制"移动通信，采用蜂窝无线组网方式，如图7-4所示。它的特点是把整个大范围的服务区划分成许多小区（覆盖半径为100～3000m），每个小区设置一个基站，负责本小区各个移动台（车载台、手机）的联络与控制，移动交换中心与市话交换局及各基站之间通过电缆或光缆中继线路连接。利用超短波电波传播距离有限的特点，离开一定距离的小区可以重复使用频率，使频率资源可以充分利用。每个小区的用户在1000以上，全部覆盖区最终的容量可达100万用户。

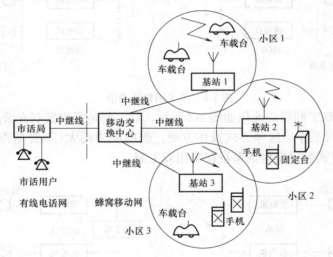

图 7-4　蜂窝无线组网方式

6. 模拟移动通信与数字移动通信

（1）模拟移动通信　使用模拟识别信号的移动通信，称为模拟移动通信。模拟蜂窝移动通信技术在20世纪70年代中、后期逐步趋于成熟，采用的是频分多址（FDMA）技术，进入80年代开始大规模投入商用，称为第一代(1G)移动通信。模拟移动通信存在信道容量有限、抗干扰能力弱、语音质量差、通信安全性差、不支持数据传输非话业务等缺点，因此在2000年前后，各国逐步关闭了模拟蜂窝移动通信网络。

（2）数字移动通信　为了解决容量增加问题，提高通信质量和增加服务功能，目前大都使用数字识别信号，即采用数字移动通信。数字蜂窝移动通信系统有效地改善了模拟蜂窝移动通信系统的不足，在制式上则有时分多址（TDMA）和码分多址（CDMA）两种。

7. 频分多址（FDMA）、**时分多址**（TDMA）**与码分多址**（CDMA）

　　在移动通信系统中，有许多移动台（MS）可能同时通过一个基站（BS）和其他移动台进行通信（多移动台同时通信见图 7-5），因此，必须对不同移动台和基站发出的信号赋予不同的特征，使基站能从众多移动台的信号中区分出是哪一个移动台发出来的信号，各移动台又能识别出基站发出的信号中哪个是发给自己的信号。解决这个问题的办法称为多址技术。

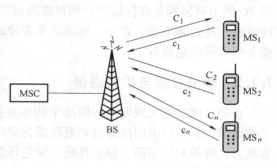

图 7-5　多移动台同时通信

　　多址方式有三种：频分多址 FDMA（Frequency Division Multiple Access）、时分多址 TDMA（Time Division Multiple Access）、码分多址 CDMA（Code Division Multiple Access）。

　　（1）FDMA　FDMA 是以不同的频率信道实现通信。把通信系统的总频段划分成若干个等间隔的频道（信道），不同的频道分配给不同的移动台使用。这些频道互不交叠，频道的宽度能传输一路语音信息。因为各个移动台使用着不同频率的信道，所以相互没有干扰。第一代模拟蜂窝移动通信就是采用这个技术。

　　（2）TDMA　TDMA 是以不同的时隙实现通信。TDMA 把时间分割成周期性的帧，每一帧再分割成若干个时隙，然后根据一定的时隙分配原则，使各移动台只能按指定的时隙向基站发送信号，基站分别在各个时隙中接收到各移动台的信号而不混扰。同时，基站发向多个移动台的信号，都按顺序安排在预定的时隙中传输，各移动台只要在指定的时隙内接收，就能在各路的信号中把发给它的信号区分出来。显然，在相同信道数的情况下，采用 TDMA 要比 FDMA 能容纳更多的移动台。第二代移动通信就是采用这种技术。

　　（3）CDMA　CDMA 是以不同的码序列实现通信。CDMA 允许不同的移动台采用同一频率在同一时间内通信，但每一移动台被分配一个独特的随机码序列，各移动台的码序列不同，彼此不相关，各个移动台相互之间也没有干扰。采用 CDMA 技术可以比 TDMA 容纳更多的移动台，具有容量大，覆盖范围广、手机功耗小、话音质量高的突出优点，将移动通信技术推向新的发展阶段，被人们称之为第三代移动通信。

　　CDMA 与 TDMA 和 FDMA 的区别，就好像在一个国际会议上，TDMA 是任何时间只有一个人讲话，其他人轮流发言；FDMA 则是把与会的人员分成几个小组，分别进行讨论；而 CDMA 就像大家在一起，每个人使用自己国家的语言进行讨论。

8. 移动通信的发展历程（1G、2G、3G）

　　移动通信经历了 1G、2G、3G 的发展历程，G 是英文 Generation 的缩写。

　　1G 是指第一代模拟移动通信，即模拟蜂窝移动通信，出现于 20 世纪 70 年代末，经过大约十年的快速发展，模拟蜂窝移动通信网的缺陷已明显显露，即存在同频干扰和互调干扰、保密性差的缺陷。我国 1994 年社会上出现的"大哥大"就属于 1G 通信，只能进行语音通话。

　　2G 是指第二代数字移动通信，如 GSM、TDMA 等移动通信，1996～1997 年间问世，主要特征是：手机能发短信，能下载彩信、彩铃、游戏。

3G 是指第三代数字移动通信。2000 年，国际电信联盟正式公布第三代移动通信标准，中国于 2009 年才正式上市，CDMA 是 3G 的根本基础，目前世界主要的是三大标准：美国版 CDMA2000（中国电信）、欧洲版 WCDMA（中国联通）、中国版 TD-SCDMA（中国移动）。3G 与 2G 的主要区别是在传输声音和数据的速度上的提升，它能够在全球范围内更好地实现无线漫游，并处理图像、音乐、视频流等多种媒体形式，提供包括网页浏览、电话会议、电子商务等多种信息服务。

7.1.2　码分多址与扩频通信

在第二次世界大战期间，因战争的需要而研究开发出 CDMA 技术，广泛应用于军事抗干扰通信，后来由美国高通公司更新成为商用蜂窝通信技术（IS-95A），CDMA 移动通信以其容量大、频带利用率高、保密性强、绿色环保等诸多优点，显示出强大的生命力，成为第三代移动通信的核心技术。

CDMA 移动通信技术包含了码分多址和扩频通信两个基本技术，下面分别介绍。

1. 码分多址技术

CDMA 是用编码区分不同用户的，可以用同一频率、相同带宽同时为用户提供收发双向的通信服务。CDMA 具有抗干扰、抗衰落性能好、容量大、用户信息保密性好等很多优点。

CDMA 的基本工作原理是：利用自相关性很强、互相关性很弱的（准）正交地址码，在发送端，信息数据与地址码进行调制（相乘），在接收端用与发送端完全相同的地址码进行相关检测并提取所需信息。

CDMA 基本原理举例如图 7-6 所示。设系统有 4 个移动台用户（$n=4$），符合相关性要求的各用户地址码分别为 $W_1=\{1,1,1,1\}$、$W_2=\{1,-1,1,-1\}$、$W_3=\{1,1,-1,-1\}$、$W_4=\{1,-1,-1,1\}$，如图 7-6a 所示。在某一时刻各用户的信号为 $d_1=\{1\}$、$d_2=\{-1\}$、$d_3=\{1\}$、$d_4=\{-1\}$，如图 7-6b 所示。经过地址码调制（W 与 d 对应相乘）后各输出信号为 $S_1\sim S_4$，如图 7-6c 所示。在接收端，若某用户采用与发送端相同的地址码 W_2 对接收信号 $S_1\sim S_4$ 进行相关检测，即 W_2 与 $S_1\sim S_4$ 分别相乘后滤波取平均值，得输出为 $J_1\sim J_4$，如图 7-6d所示。显然 J_2 就是原信息 d_2，而 J_1、J_3、J_4 均为零，表示某用户只接收地址码相同的 d_2 信号，而不能接收地址码不同的信号。

实现码分多址通信有如下三个条件：

1）有足够多的地址码，地址码间有良好的自相关特性和互相关特性。CDMA 用 Walsh 码作为信道地址码，不同长度和相位的 m 序列作为基站或用户的地址码。

2）各接收端必须产生与发送端一致的本地地址码，且在相位上完全同步。

3）由于网内所有用户使用同一频率载波，相同带宽，同时收发信号，使系统成为一个自干扰系统。为把各用户间的相互干扰降至最低，码分多址必须和扩频技术相结合。

2. 扩频通信技术

扩频通信是利用 PN 码对发送信号进行频谱扩展，使扩频后的信号带宽远大于原信号带宽（或信息比特率）；在接收端用与发送端完全相同的 PN 码进行解扩。通过扩频，可提高通信的抗干扰能力，即使系统在强干扰情况下也能安全可靠地通信。

扩频通信原理是：在发送端，用一个带宽比原始信号带宽宽得多的伪随机码（PN 码,码

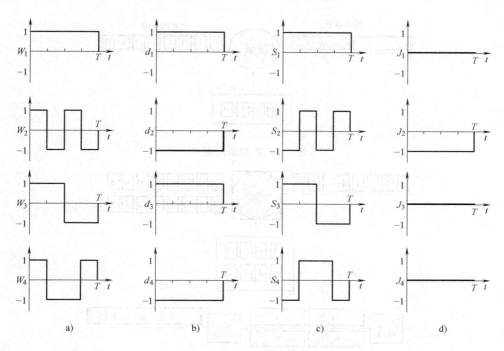

图 7-6 CDMA 基本原理举例

率为 1.2288Mc/s）对原始信号（9.6kbit/s 数字信号）进行调制。在接收端，将接收到的扩频信号与一个和发送端 PN 码完全相同的本地码相关检测，若接收到的扩频信号与本地 PN 码相匹配，则信号恢复到其扩展前的原始带宽，而不匹配的扩频信号被扩展到本地码的带宽或更宽频带。PN 码又称为高速扩频码，扩频通信原理框图如图 7-7 所示。

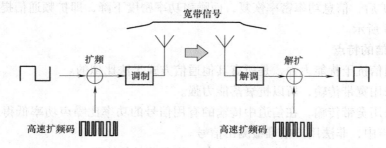

图 7-7 扩频通信原理框图

　　扩频通信的类型有：直接序列（DS）扩频、载波频率跳频（FH）扩频、脉冲调频扩频、跳时（TH）扩频及混合扩频。下面以 4 位扩频码来说明直接序列扩频与解扩过程，扩频示意图如图 7-8 所示。扩频就是将需要传输的每一位数字信号｛-1,1｝与扩频码｛1,-1,1,-1｝相乘，扩频后的信号为｛-1,1,-1,1,1,-1,1,-1｝，显然，信息比特率增加四倍。

　　解扩示意图如图 7-9 所示，解扩就是将第 4 位扩频信号与 4 位本地码对应相乘，要求本地码与原发送端扩频码完全相同。若本地码为｛1,-1,1,-1｝，与原扩频码一样，则解扩后的信号为｛-1,-1,-1,-1,1,1,1,1｝，再经过积分与判决处理，原数字｛-1,1｝被恢复。若本地码为｛1,1,1,1｝，与原扩频码不一样，则解扩后的信号为｛-1,1,-1,1,1,-1,1,-1｝，再经过积分与判决处理，没有输出。

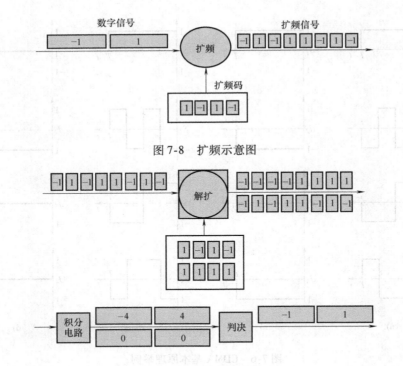

图 7-8　扩频示意图

图 7-9　解扩示意图

信息在扩频处理中的功率谱密度变化如图 7-10 所示。由于原始信息为低比特率信息，功率密度非常集中，如图 7-10a 所示；当频谱扩展后，信息的比特率增加，即信息功率谱密度下降，如图 7-10b 所示；若信号在传输过程中受到功率密度集中的噪声干扰，如图 7-8c 所示；经过解扩后，信息功率密率恢复，而噪声功率密度下降，即扩频通信提高了抗干扰能力，如图 7-10d 所示。

3. 扩频通信的特点

1）扩频通信抗干扰能力强，是所有其他通信方式无法比拟的。

2）由于采用宽带传输，所以抗衰落能力强。

3）由于采用宽带传输，在信道中传输的有用信号的功率比噪声功率低得多，因此信号好像隐蔽在噪声中，非法用户很难检测出信号。

4）利用扩频码的相关性来获取用户信息，抗截获的能力强。

5）可利用扩频码优良的自相关和互相关特性实现码分多址，提高频带利用率。

6）接收端用相关技术从多径信号中提取和分离出最强的有用信号，或将多径信号合成，变害为利，提高信噪比。

7）利用电磁波的传播特性和伪随机码的相关性，可以比较正确地测出两个物体间的距离，从而在扩频通信的同时可进行高分辨率的测距。

4. 码分多址与直接扩频的组合形式

由于 CDMA 是一个自干扰系统，为把各用户间的相互干扰降至最低，码分多址只能由扩频技术来实现。而扩频通信并不意味着码分多址，若扩频码也具有良好的自相关特性和互相关特性，则扩频即码分多址。码分多址与直接扩频的组合形式有以下两种：

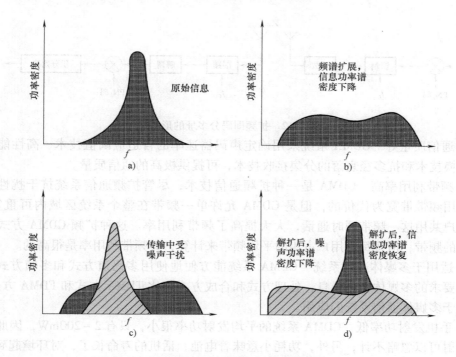

图 7-10 信息在扩频处理中的功率谱密度变化

（1）码分多址与扩频分开的形式 如图 7-11 所示，在发送端：先地址码调制，然后扩频调制，再射频调制；在接收端：射频解调后，先解扩，再地址码解调。优点：由于采用了完全正交的地址码组，各用户间的相互影响可以完全消除，提高了系统的性能。缺点是整个系统很复杂，尤其是同步系统。

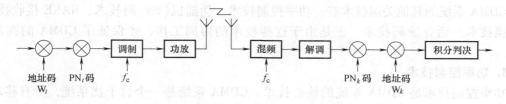

图 7-11 码分多址与扩频分开的形式

（2）扩频即码分多址的形式 如图 7-12 所示，在发送端：PN 码序列代替地址码组，扩频同时作地址码调制；在接收端：解扩同时作地址码解调。优点：由于去掉单独的地址码组，改为用不同的 PN 码序列代替地址码组，则整个系统相对简单。由于地址码址是一个有着 4.4 万亿种可能排列的 PN 码，因此要破解地址码或窃听通话内容非常困难。缺点是：由于 PN 码是准正交，各用户间的相互影响不能完全消除，整个系统的性能将受到一定的影响。

5. CDMA 通信的优点

（1）系统容量大 在 CDMA 系统中所有用户共用一个无线信道，当有的用户不讲话时，该信道内的所有其他用户会由于干扰减小而得益。CDMA 数字移动通信系统的容量理论上比模拟网大 20 倍，实际上比模拟网大 10 倍，比 GSM 大 4～5 倍。

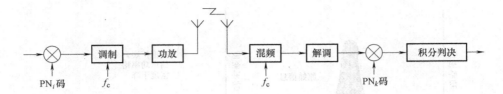

图 7-12　扩频即码分多址的形式

（2）通信质量好　CDMA 系统采用确定声码器速率的自适应阈值技术、高性能纠错编码、软切换技术和抗多径衰落的分集接收技术，可提供极高的通信质量。

（3）频带利用率高　CDMA 是一种扩频通信技术，尽管扩频通信系统抗干扰性能的提高是以占用频带带宽为代价的，但是 CDMA 允许单一频带在整个系统区域内可重复使用，使许多用户共用这一频带同时通话，大大提高了频带利用率。这种扩频 CDMA 方式虽然要占用较宽的频带，但按每个用户占用的平均频带来计算，其频带利用率是很高的。

（4）适用于多媒体通信系统　CDMA 系统能方便地使用多码道方式和多帧方式，传送不同速率要求的多媒体业务信息，处理方式和合成方式都比 TDMA 方式和 FDMA 方式灵活、简单，利于多媒体通信系统的应用。

（5）手机发射功率低　CDMA 系统的平均发射功率很小，只有 2～200mW，因此对人体的电磁辐射可以忽略不计；另外，功耗小意味着电池、话机的寿命长了，对环境起到了保护作用，故有人称之为"绿色手机"。

（6）频率规划灵活　用户按不同的码序列区分，扇区按不同的导频码区分，相同的 CD-MA 载波可以在相邻的小区内使用，因此 CDMA 网络的频率规划灵活，扩展方便。

7.1.3　CDMA 其他关键技术

CDMA 系统的其他关键技术有：功率控制技术、伪随机（PN）码技术、RAKE 接收技术、软切换技术、话音编码技术。正是由于这些技术的协同工作，才保证了 CDMA 的高质量通信。

1. 功率控制技术

功率控制技术是 CDMA 系统的核心技术。CDMA 系统是一个自干扰系统，所有移动台都占用相同带宽和频率，因此需要某种机制使得各个移动台到达基站的信号功率基本处于同一水平上，否则离基站近的移动台发射的信号很容易盖过其他离基站较远的移动台的信号，造成所谓的"远近效应"。CDMA 功率控制的目的就是克服"远近效应"，使系统既能维持高质量通信，又能减轻对其他用户产生的干扰。

功率控制分为前向功率控制和反向功率控制，反向功率控制又可分为仅由移动台参与的开环功率控制和移动台、基站同时参与的闭环功率控制。

（1）反向开环功率控制　移动台根据在小区中接收功率的变化，调节移动台发射功率，以达到所有移动台发出的信号在基站时都有相同的功率。

（2）反向闭环功率控制　基站对移动台的开环功率估计迅速做出纠正，以使移动台保持最理想的发射功率。

（3）前向功率控制　基站根据移动台提供的测量结果，调整对每个移动台的发射功率，对路径衰落小的移动台分配较小的前向链路功率，对那些远离基站和误码率高的移动台分配较大的前向链路功率。

2. 伪随机(PN)码技术

伪随机(PN)码的选择直接影响到 CDMA 系统的容量、抗干扰能力、接入和切换速度等性能。CDMA 信道、基站、用户的区分是靠 PN 码来进行的，因而要求 PN 码自相关性强、互相关性弱、实现和编码方案简单等。

伪随机(PN)码的一般特点如下：

（1）伪随机序列　具有类似噪声序列的性质，是一种貌似随机但实际上有规律的周期性二进制序列。

（2）正交　为了实现选址通信，要求信号之间必须正交或准正交，保证信号间不受干扰。正交即相互垂直，彼此不影响，如 sin 和 cos 是正交的，东西方向与南北方向是正交的。

（3）自相关性　自相关函数表征一个信号延迟一段时间后，与自身信号的相似性。对于伪随机(PN)码序列，自相关性越大越好，这样能充分保证接收端的判别和解调。

（4）互相关性　两个不同信号的相似性，用互相关函数来表征。对于伪随机(PN)码序列，互相关性越小越好，这样可将伪随机(PN)码作为地址码，以区别不同的用户或基站。

目前 CDMA 系统的信道识别码采用 Walsh 码，以实现码分信道多址，在 IS95CDMA 中，walsh 码长度是固定的 64 位，在 CDMA2000 中，walsh 码长度是可变的，最短为 1 位，最长可达到 256 位；基站识别码采用周期为 $2^{15}-1$ 的 m 序列(称为短码)，码长为 15 位，数量为 $2^{15}-1$，以实现码分基站多址；移动台识别码采用周期为 $2^{42}-1$ 的 m 序列(称为长码)，码长为 42 位，数量为 $2^{42}-1$，以实现码分用户多址。

3. RAKE 接收技术

RAKE 接收技术是第三代 CDMA 移动通信系统中的一项重要技术。RAKE 不是英文缩写，一般在通信领域指 RAKE 接收机。RAKE 接收机是一种能分离多径信号并有效合并多径信号能量的最终接收机。

移动通信信道是一种多径衰落信道，发射机发出的扩频信号，在传输过程中受到不同建筑物、山岗等各种障碍物的反射和折射，到达接收机时每个波束具有不同的延迟及衰落，形成多径信号。RAKE 接收技术实际上是一种多径分集接收技术，可以在时间上分辨出细微的多径信号，并对每一路径的信号进行解调，然后叠加输出达到增强接收效果的目的。这样就将有害的多径信号变为有利的有用信号。

一般地，RAKE 接收机有搜索器(Searcher)、解调器(Finger)和合并器(Combiner)三个模块组成。通常 CDMA 基站一个 RAKE 接收机有 4 个解调器，移动台有 3 个解调器。

4. 软切换技术

移动台从 A 基站覆盖区域向 B 基站覆盖区域行进，在 A、B 两基站的边缘，移动台先与 B 基站建立连接后，再将与 A 基站原来的连接断开，这种技术称之为越区软切换。以往的系统所进行的都是硬切换，即先中断与原基站的联系，再在一指定时间内与新基站取得联系。

由于 CDMA 系统各基站工作在相同的频率和带宽上，因而软切换技术实现起来比较容易。据以往对模拟系统 TDMA 的测试统计，无线信道上 90% 的掉话是在切换过程中发生的。实现软切换以后，切换引起掉话的概率大大降低，保证了通信的可靠性。

5. 语音编码技术

语音编码决定了接收到的语音质量和系统容量。在移动通信系统中，宽带是十分宝贵的，低比特率语音编码可在一定的宽带内传输更多的高质量语音。语音编码为信源编码，是将模拟语音信号转变为数字信号，以便在信道中传输。

CDMA 手机的通话质量的确是一流的。目前 CDMA 手机语音编码器主要使用的是 8kbit/s 速率 EVRC(Enhanced Variable Rate Coder,增强型可变速率编码器)和 13kbit/s 速率 QCELP (Qualcomm Code Excited Linear Prediction,高通码激励线性预测)语音编码技术，其中 QCELP 算法被认为是到目前为止效率最高的一种算法。

复习思考题

7.1.1　什么是集群移动通信、蜂窝移动通信？

7.1.2　什么是单工制、半双工制、双工制移动通信？

7.1.3　什么是频分多址(FDMA)、时分多址(TDMA)、码分多址(CDMA)移动通信？

7.1.4　简述码分多址基本原理。

7.1.5　什么是扩频通信？为什么说扩频通信系统抗干扰能力强？

7.1.6　何谓功率控制技术、伪随机(PN)码技术、RAKE 技术、软切换技术、语音编码技术？

7.1.7　CDMA 通信有何优点及缺点？为什么？

7.2　卫星通信

7.2.1　卫星通信概述

卫星通信是指利用人造地球卫星作为中继站转发无线电信号，在两个或多个地面站之间进行的通信过程或方式。卫星通信属于宇宙无线电通信的一种形式。

卫星通信是在地面微波中继通信和空间技术的基础上发展起来的。微波中继通信是一种视距通信，即只有在看得见的范围内才能通信。而通信卫星的作用相当于离地面很高的微波中继站。由于作为中继的卫星离地面很高，因此经过一次中继转接之后即可进行长距离的通信。图 7-13 是一种简单的卫星通信系统，它是由一颗通信卫星和多个地面通信站组成的。

1. 卫星通信的地面长度

卫星通信的地面长度如图 7-14 所示。离地面高度为 h_e 的卫星中继站，看到地面的两个极端点是 A 点和 B 点，即地面长度 S 将是以卫星为中继站所能达到的最大通信距离。

地面长度 S 的计算公式为

$$S = R_0\theta = R_0\left(2\arccos\frac{R_0}{R_0 + h_e}\right) \tag{7-1}$$

式中，S 的单位为 km；R_0 为地球半径，$R_0 = 6378$km；θ 为 AB 所对应的圆心角(弧度)；h_e 为通信卫星到地面的高度，单位为 km。式(7-1)说明，h_e 越高，地面上最大通信距离越大。

1) 当 $h_e = 500$km 时，由公式求得 $S = 4892$km。

2) 当 $h_e = 35800$km 时，由公式求得 $S = 18100$km。

2. 卫星通信使用的频段

由于卫星处于外层空间，即在电离层之外，地面上发射的电磁波必须能穿透电离层才能到达卫星；同样，从卫星到地面上的电磁波也必须穿透电离层，而在无线电频段中只有微波

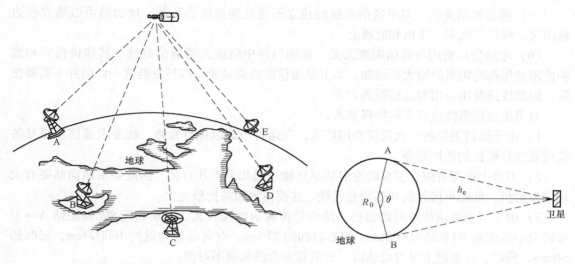

图 7-13　简单的卫星通信系统　　　　图 7-14　卫星通信的地面长度

频段恰好具备这一条件，因此卫星通信使用微波频段。

地球站发射、通信卫星接收所使用的频率叫做上行频率；通信卫星发射、地球站接收所使用的频率叫做下行频率。卫星通信使用的频段主要包括：

1）UHF 波段（上行频率 400MHz/下行频率 200MHz）。

2）L 波段（上行频率 1.6GHz/下行频率 1.5GHz）。

3）C 波段（上行频率 6.0GHz/下行频率 4.0GHz）。

4）X 波段（上行频率 8.0GHz/下行频率 7.0GHz）。

5）Ku 波段（上行频率 14GHz/下行频率 11GHz）。

6）Ka 波段（上行频率 30GHz/下行频率 20GHz）。

由于 C 波段的频段较宽，又便于利用成熟的微波中继通信技术，且天线尺寸也较小，因此，卫星通信最常用的是 C 波段。

3. 卫星通信的特点

卫星通信系统以通信卫星为中继站，与其他通信系统相比较，卫星通信有如下特点：

（1）覆盖区域大，通信距离远　一颗同步通信卫星可以覆盖地球表面的三分之一区域，因而利用三颗同步卫星即可实现全球通信。它是远距离越洋通信和电视转播的主要手段。

（2）具有多址连接能力　地面微波中继的通信区域基本上是一条线路，而卫星通信可在通信卫星所覆盖的区域内，所有四面八方的地面站都能利用这一卫星进行相互间的通信。我们称卫星通信的这种能同时实现多方向、多个地面站之间的相互联系的特性为多址连接。

（3）频带宽，通信容量大　卫星通信采用微波频段，传输容量主要由终端站决定，卫星通信系统的传输容量取决于卫星转发器的带宽和发射功率，而且一颗卫星可设置多个（如IS-Ⅶ有 46 个）转发器，故通信容量很大。例如，利用频率再用技术的某些卫星通信系统可传输 30000 路电话和 4 路彩色电视。

（4）通信质量好，可靠性高　卫星通信的电波主要在自由（宇宙）空间传播，传输电波十分稳定，而且通常只经过卫星一次转接，其噪声影响较小，通信质量好。通信可靠性可达99.8% 以上。

（5）通信机动灵活　卫星通信系统的建立不受地理条件的限制，地面站可以建立在边远山区、海岛、汽车、飞机和舰艇上。

（6）电路使用费用与通信距离无关　地面微波中继或光缆通信系统，其建设投资和维护使用费用都随距离的增大而增加。而卫星通信的地面站至空间转发器这一区间并不需要投资，因此线路使用费用与通信距离无关。

对卫星通信系统也有下列特殊要求：

1）由于通信卫星的一次投资费用较高，在运行中难以进行检修，故要求通信卫星具备高可靠性和较长的使用寿命。

2）卫星上能源有限，卫星的发射功率只能达到几十至几百瓦，因此要求地面站要有大功率发射机、低噪声接收机和高增益天线，这使得地面站比较庞大。

3）由于卫星通信传输距离很长，使信号传输的时延较大，其单程距离（地面站 A→卫星转发→地面站 B）长达 80000km，需要时间约 270ms；双向通信往返约 160000km，延时约 540ms，所以，在通过卫星打电话时，通信双方会感到很不习惯。

7.2.2　通信卫星的种类

目前，通信卫星的种类繁多，按不同的标准有不同的分类。下面给出几种常用的通信卫星种类。

1. 无源卫星与有源卫星

按卫星的结构分类可分为无源卫星和有源卫星两类。

无源卫星是运行在特定轨道上的球形或其他形状的反射体，没有任何电子设备，它是靠其金属表面对无线电波进行反射来完成信号中继任务的。在 20 世纪 50～60 年代进行卫星通信试验时，曾利用过这种卫星。

目前，几乎所有的通信卫星都是有源卫星，一般多采用太阳电池和化学能电池作为能源。这种卫星装有收、发信机等电子设备，能将地面站发来的信号进行接收、放大、频率变换等其他处理，然后再发回地球。这种卫星可以部分地补偿在空间传输所造成的信号损耗。

2. 赤道轨道卫星、极轨道卫星、倾斜轨道卫星

所谓卫星的运行轨道就是卫星在空间运行的路线，通信卫星轨道示意图如图 7-15 所示。

1）赤道轨道卫星（指轨道平面与赤道平面夹角 $\varphi = 0°$）。

2）极轨道卫星（$\varphi = 90°$）。

3）倾斜轨道卫星（$0° < \varphi < 90°$）。

3. 低轨道卫星、中轨道卫星、高轨道卫星

（1）低轨道卫星（LEO）　距地面 500～2000km，传输时延和功耗都比较小，但每颗星的覆盖范围也比较小。低轨道卫星通信系统由于卫星轨道低，信号传播时延短，所以可支持多跳通信；其链路损耗小，可以降低对卫星和用户终端的要求，可以采用微型/小型卫星和手持用户终

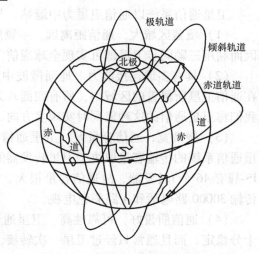

图 7-15　通信卫星轨道示意图

端。典型实例：Iridium(铱系统)、Globalstar(全球星系统)、Orbcomm(轨道通信系统)。

(2) 中轨道卫星(MEO)　距地面 2000 ~ 20000km，传输时延要大于低轨道卫星，但覆盖范围也更大，典型系统是国际海事卫星系统。中轨道卫星通信系统可以说是同步卫星系统和低轨道卫星系统的折衷，中轨道卫星系统兼有这两种方案的优点，同时又在一定程度上克服了这两种方案的不足之处。典型实例：Odyssey(奥迪赛系统)、ICO(全球通信系统)。

(3) 高轨道卫星(GEO)　距地面 35800km，即同步静止轨道。理论上，用三颗高轨道卫星即可以实现全球覆盖。传统的同步轨道卫星通信系统的技术最为成熟，自从同步卫星被用于通信业务以来，用同步卫星来建立全球卫星通信系统已经成为了建立卫星通信系统的传统模式。但是，同步卫星有一个不可克服的障碍，就是较长的传播时延和较大的链路损耗，严重影响到它在某些通信领域的应用，特别是在卫星移动通信方面的应用。典型实例：Inmarsat(国际移动卫星通信系统)、MSAT(北美移动卫星通信系统)、Mobilesat(澳大利亚移动卫星通信系统)、ACeS(亚洲蜂窝系统)。

4. 同步卫星和非同步卫星

按卫星与地球上任一点的相对位置的不同可分为同步卫星和非同步卫星。

同步卫星是指在赤道上空约 35800km 高的圆形轨道上与地球自转同向运行的卫星。由于其运行方向和周期与地球自转方向和周期均相同，因此从地面上任何一点看上去，卫星都是静止不动的，所以把这种对地球相对静止的卫星简称为同步(静止)卫星，其运行轨道称为同步轨道。

非同步卫星的运行周期不等于(通常小于)地球自转周期，其轨道倾角、轨道高度、轨道形状(圆形或椭圆形)可因需要而不同。从地球上看，这种卫星以一定的速度在运动，故又称为移动卫星或运动卫星。

非同步卫星的主要优缺点基本上与同步卫星相反。由于非同步卫星的抗毁性较高，因此也有一定的应用。

5. 全球卫星通信系统

不同类型的卫星有不同的特点和用途。在卫星通信中，同步卫星使用得最为广泛，其主要原因是：第一，同步卫星距地面高达 35800km，一颗卫星的覆盖区(从卫星上能看到的地球区域)可达地球总面积的 40% 左右，地面最大跨距可达 18000km。因此只需三颗卫星适当配置，就可建立除两极地区(南极和北极)以外的全球性通信。全球卫星通信系统示意图如图 7-16 所示。

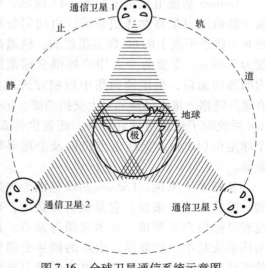

图中，每两颗相邻卫星都有一定的重叠覆盖区，但南、北两极地区则为盲区。目前正在使用的国际通信卫星系统就是按这个原理建立的，其卫星分别位于大西洋、印度洋和太平洋上空。其中，印度洋卫星能覆盖我国的全部领土，太平洋卫星覆盖我国的东部地区，即我国东部地区处在印度洋卫星和太平洋卫星的重叠

图 7-16　全球卫星通信系统示意图

覆盖区中。

同步卫星的优缺点如下：

1）由于同步卫星相对于地球是静止的，因此，地面站天线易于保持对准卫星，不需要复杂的跟踪系统。

2）通信连续，不像卫星相对于地球以一定的速度运动时那样，需要变更转发当时信号的卫星而出现信号中断。

3）信号频率稳定，不会因卫星相对于地球运动而产生多卜勒频移。

4）两极地区为通信盲区。

5）卫星离地球较远，故传输损耗和传输时延都较大。

6）同步轨道只有一条，能容纳卫星的数量有限。

7）同步卫星的发射和在轨测控技术比较复杂。

8）在春分和秋分前后，还存在着星蚀（卫星进入地球的阴影区）和日凌中断（卫星处于太阳和地球之间，受强大的太阳噪声影响而使通信中断）现象。

7.2.3　卫星通信系统案例

从 20 世纪 80 年代开始，西方很多公司开始意识到未来覆盖全球、面向个人的无缝隙通信，即所谓的个人通信全球化，即 5W（Whoever（任何人）、Wherever（任何地点）、Whenever（任何时间）、Whomever（任何人）、Whatever（采用任何方式））的巨大需求，相继发展以中、低轨道的卫星星座系统为空中转接平台的卫星移动通信系统，开展卫星移动电话，卫星直播，卫星数字音频广播，互联网接入以及高速、宽带多媒体接入等业务。以下给出其中几种成功案例。

1. 铱星（Iridium）系统

1997～1998 年，美国铱星公司发射了几十颗用于手机全球通信的人造卫星，这些人造卫星就叫铱星。铱星移动通信系统是美国铱星公司委托摩托罗拉（Motorola）公司设计的一种全球性卫星移动通信系统。

Iridium 系统卫星星座如图 7-17 所示，它属于低轨道卫星移动通信系统，由均匀分布在 6 个轨道平面上的 66 颗卫星组成，轨道高度为 780km。主要为个人用户提供全球范围内的移动通信，采用地面集中控制方式，具有星际链路、星上处理和星上交换功能。Iridium 系统除了提供电话业务外，还提供传真、全球定位（GPS）、无线电定位以及全球寻呼业务。

从技术上来说，Iridium 系统是极为先进的，但从商业上来说，它是极为失败的，存在着目标用户不明确、成本高昂等缺点。目前该系统基本上已复活，由新的铱星公司代替旧铱星公司，重新定位，再次引领卫星通

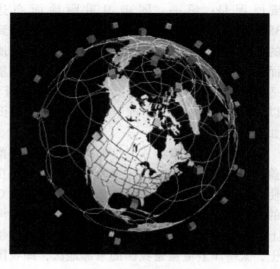

图 7-17　Iridium 系统卫星星座

信的新时代。

2. 全球星（Globalstar）系统

Globalstar 系统是美国 LQSS（Loral Qualcomm Satellite Service）公司于 1991 年 6 月向美国联邦通信委员会（FCC）提出的低轨道卫星移动通信系统。

Globalstar 系统设计简单，既没有星际电路，也没有星上处理和星上交换功能，仅仅定位为地面蜂窝系统的延伸，从而扩大了地面移动通信系统的覆盖，因此降低了系统投资，也减少了技术风险。Globalstar 系统由 48 颗卫星组成，均匀分布在 8 个轨道平面上，轨道高度为 1389km。

Globalstar 系统有四个主要特点：一是系统设计简单，可降低卫星成本和通信费用；二是移动用户可利用多径和多颗卫星的双重分集接收，提高接收质量；三是频谱利用率高；四是地面关口站数量较多。

3. 轨道通信（Orbcomm）系统

Orbcomm 系统是美国轨道通信公司和加拿大环电联合投资建设的一个低轨道的小型卫星移动通信系统。

Orbcomm 系统由 36 颗小卫星组成，其中 28 颗卫星在 5 个轨道平面上：第 1 轨道平面为 2 颗卫星，轨道高度分别为 736km、749km；第 2 至第 4 轨道平面的每个轨道平面布置 8 颗卫星，轨道高度为 775km；第 5 轨道平面有 2 颗卫星，轨道高度为 700km，主要为增强高纬度地区的通信覆盖；另外 8 颗卫星为备份。

Orbcomm 系统是只能实现数据业务全球通信的小卫星移动通信系统，该系统具有投资小、周期短、兼备通信和定位能力、卫星质量轻、用户终端为手机、系统运行自动化水平高和自主功能强等优点。

4. 全球移动卫星电话（Odyssey）系统

Odyssey 系统由美国 TRW 公司推出。TRW 公司是卫星研制的先驱者，几十年来一直为美国国防部研制军用卫星，其卫星的长寿命、高可靠性等技术属世界领先水平。

Odyssey 系统是由 12 颗高度为 10354km 的卫星分布在倾角 55°的 3 个轨道平面上构成的，卫星设计寿命为 12 ~ 15 年，使用 L/S/Ka 频段。

Odyssey 系统可以作为现存陆地蜂窝移动通信系统的补充和扩展，支持动态、可靠、自动、用户透明的服务。系统地面段包括卫星管理中心、服务运作中心、地球站、关口站、地面网络等。

5. 国际移动卫星通信（Inmarsat）系统

国际移动卫星通信组织（原国际海事卫星组织），成立于 1979 年，总部设在英国伦敦，中国是创始成员国之一。Inmarsat 是为企业和政府用户提供全球移动卫星通信解决方案的全球领先供应商，它通过由分布在全球 86 个国家的 260 个合作伙伴组成的全球性业务网络提供服务。

目前，Inmarsat 空间段由 10 颗静止轨道卫星组成，主要是第三代和第四代卫星，第三代由 4 颗 GEO 卫星（外加一颗备用卫星）构成，第四代计划由 3 颗 GEO 卫星构成。网络控制中心（NOC）位于伦敦市中心的 Inmarsat 总部，负责监测、协调和控制网络内所有卫星的操作和运行。地面站（LES）由各国 Inmarsat 签字者建设并经营，分布于全球，既是卫星系统与地面陆地电信网络的接口，又是控制和接入中心。

6. 亚洲蜂窝卫星(ACeS)系统

ACeS(Asian Cellular Satellite)系统是由印度尼西亚的 PSN 公司、美国洛克希德-马丁(Lockheed Martin)全球通信公司、菲律宾长途电话公司(PLDT)和泰国 Jasmine 公司共同组建的卫星系统。

ACeS 的目标是为亚洲范围内的国家提供区域性的移动卫星通信业务,包括数字语音、传真、短消息和数据传输服务,并实现与地面公用电话交换网 PSTN 和地面移动通信网 PLMN(GSM 网络)的无缝链接。

ACeS 卫星通信系统的卫星主体由美国络克希德-马丁公司制造。2000 年发射的 Garuda-1 同步卫星,定位于赤道上空东经 123°。卫星预计运行 12 年,可以同时接入 11000 路电话,用户总容量可达两百万。

7. 西亚区域(Thuraya)系统

Thuraya 系统由 Thuraya 卫星通信公司运营,公司总部设在阿联酋的首都阿布扎比,该公司是一个有 14 个股东的国际财团,包括各阿拉伯国家的邮电部门。

Thuraya 覆盖了 58 个国家的 18 亿人口,包括中东、北非、印度次大陆、中亚、土耳其和东欧。Thuraya 系统属于高低轨道卫星移动通信系统,由 Thuraya-1、Thuraya-2 及 Thuraya-3 三颗同步卫星组成。2000 年 Thuraya-1 卫星从太平洋中部的赤道海域成功发射,这是中东地区第一颗移动通信卫星,也是发射过的最重的卫星。

Thuraya 卫星电话结合了卫星、GSM 和 GPS 系统,提供包括语音、数据、传真、短信和方位测定等一系列的服务。

复习思考题

7.2.1　什么是卫星通信?卫星通信有何特点?

7.2.2　什么是低轨道、中轨道、高轨道卫星通信?各有何特点?

7.2.3　为什么卫星通信采用微波频段?

7.3　全球定位系统

利用卫星,在全球范围内实时进行定位、导航的系统,称为全球定位系统(GPS)。美国的定位系统简称 GPS(Global Positioning System)。俄罗斯的定位系统称为"全球导航卫星系统",欧洲的定位系统称为"伽利略",我国的卫星定位称为"北斗"。

7.3.1　GPS 概述

GPS 是 20 世纪 70 年代由美国陆海空三军联合研制的新一代空间卫星导航定位系统,其主要目的是为陆、海、空三大领域提供实时、全天候和全球性的导航服务,并用于情报收集、核爆监测和应急通信等一些军事目的,经过 20 余年的研究实验,耗资 300 亿美元,到 1994 年 3 月,全球覆盖率高达 98% 的 24 颗 GPS 卫星星座已布设完成。

1. GPS 的组成

GPS 由空间部分、地面控制系统及用户设备部分三部分组成。

(1)空间部分　GPS 的空间部分是由 24 颗卫星(21 颗工作卫星,3 颗备用卫星)组成的,它位于距地表 20200km 的上空,均匀分布在 6 个轨道面上(每个轨道面 4 颗),轨道倾角为

55°，GPS 卫星星座如图 7-18 所示。卫星的分布使得在全球任何地方、任何时间都可观测到 4 颗以上的卫星，从而保障了全球、全天候的三维定位。

（2）地面控制系统　GPS 地面控制系统分布图如图 7-19 所示，它由监测站（Monitor Station）、主控制站（Master Control Station）、注入站（Ground Antenna）所组成。主控制站位于美国科罗拉多州春田市（Colorado Spring）；五个监控站分别位于科罗拉多州春田市（Colorado Springs）、夏威夷（Hawaii）、阿松森群岛（Ascencion）、迭哥伽西亚（Diego Garcia）与卡瓦加兰（Kwajalein）；三个注入站分别位于阿松森群岛、迭哥伽西亚与卡瓦加兰。地面控制站负责收集由卫星传回的信息，并计算卫星星历、相对距离、大气校正等数据。

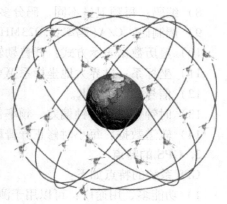

图 7-18　GPS 卫星星座

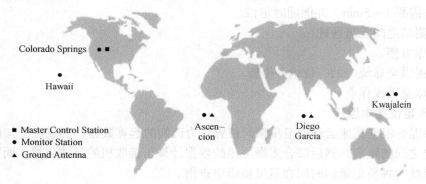

图 7-19　GPS 地面控制系统分布图

（3）用户设备部分　用户设备部分即 GPS 卫星接收机，其主要功能是能够捕获到按一定卫星截止角所选择的待测卫星，并跟踪这些卫星的运行。当接收机捕获到跟踪的卫星信号后，就可测量出接收天线至卫星的伪距离和距离的变化率，解调出卫星轨道参数等数据。根据这些数据，接收机中的微处理计算机就可按定位解算方法进行定位计算，计算出用户所在地理位置的经纬度、高度、速度、时间等信息。GPS 卫星接收机种类很多，有测地型、全站型、定时型、手持型、集成型，有车载式、船载式、机载式、星载式、弹载式。

2. GPS 的参数

GPS 的主要参数如下：

1）轨道数：6，间隔 60°。

2）每个轨道上的卫星分布：4 个卫星不均匀分布。

3）轨道倾角：55°。

4）轨道高度：20183km。

5）轨道周期：1/2 恒星日（11h58min）。

6）地面重复跟踪：每个恒星日。

7）载波信号为 L1：1575.42MHz；L2：1227.60MHz。

8）编码：每颗卫星不同，码分多址。

9）调制码：C/A（码率:1.023MHz）、P（码率:10.23MHz）。

10）星历数据表示方式：开普勒轨道公式。

11）坐标系：世界大地坐标系 WGS-84（World Geodical System-84）。

12）信号：SS/BPSK。

13）时钟数据：时钟偏差、频率偏移、频率速率。

14）轨道数据：每小时修正开普勒轨道参数。

3. GPS 的特点

GPS 系统的特点如下：

1）功能多、用途广：可以用于测量、导航、测速、测时等。

2）定位精度高。

3）实时定位。

4）观测时间短：单频接收机需要时间为 1h；双频接收机仅需要 15~20min；实时动态定位流动站需要 1~5min，并能随时定位。

5）观测站之间无需通视。

6）操作方便。

7）可提供全球统一的三位地心坐标。

8）全球全天候作业。

4. GPS 定位基本原理

GPS 原理是根据高速运动的卫星瞬间位置作为已知的起算数据，测量出已知位置卫星到用户接收机之间的距离，然后综合多颗卫星的数据计算出接收机的具体位置。而卫星的位置可以根据星载时钟所记录的时间在卫星星历中查出。

GPS 导航系统卫星部分的作用就是不断地发射导航电文。当用户接收到导航电文时，提取出卫星时间并将其与自己的时钟做对比，便可得知卫星与用户的距离，再利用导航电文中的卫星星历数据推算出卫星发射电文时所处的位置，从而用户在大地坐标系中的位置、速度等信息便可得知。

由于用户接收机使用的时钟与卫星星载时钟不可能总是同步，所以除了用户的三维坐标 x、y、z 外，还要引进一个卫星与接收机之间的时间差（Δt）作为未知数，然后用 4 个方程将这 4 个未知数解出来。

所以如果想知道接收机所处的位置，至少要能接收到 4 个卫星的信号。根据图 7-20 所示 GPS 的 WGS-84 坐标系，可得接收机与卫星之间的距离计算公式：

$$(x-x_i)^2 + (y-y_i)^3 + (z-z_i)^2 = c^2(t-t_i)^2 \qquad (7-2)$$

式中，c 是光速；$i=1$，2，3，4。只要能代入 4 个卫星的位置数据 $\{x_i, y_i, z_i, t_i\}$，便可以解方程求得接收机在 WGS-84 坐标系中的位置数据 $\{x, y, z, t\}$。

按定位方式，GPS 定位分为单点定位和相对定位（差分定位）。单点定位就是根据一台接收机的观测数据来确定接收机位置的方式，它只能采用伪距观测量，可用于车船等的概略导

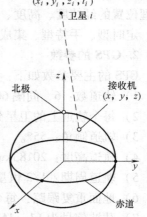

图 7-20　GPS 的 WGS-84 坐标系

航定位。相对定位(差分定位)是根据两台以上接收机的观测数据来确定观测点之间的相对位置的方法，它既可采用伪距观测量也可采用相位观测量，大地测量或工程测量均应采用相位观测值进行相对定位。

5. 伪距测量原理

由于大气层电离层的干扰，卫星与接收机的测量距离通常不是卫星与接收机之间的真实距离，故称为伪距。

伪距测量原理如图 7-21 所示，若卫星发射的测距码信号到达 GPS 接收机的传播时间为 Δt，Δt 再乘以光速 c 所得到的测量距离就是伪距 D。

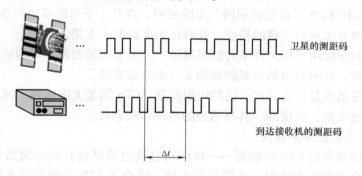

卫星的测距码

到达接收机的测距码

Δt

图 7-21 伪距测量原理

7.3.2 GPS 应用

GPS 的应用主要是为船舶、汽车、飞机、行人等运动物体进行定位导航。例如：船舶远洋导航和进港引水、飞机航路引导和进场降落、汽车自主导航、地面车辆跟踪和城市智能交通管理、紧急救生、个人旅游及野外探险、个人通信终端(与手机、PDA、电子地图等集成为一体)。

1. GPS 在巡线车辆管理中的运用

巡线车辆监控调度方案，服务于需要通过车辆巡逻来监控线路状态的服务型企业或管理型部门。

方案将线路的规划和实际的巡线工作结合起来，以业务关键点为核心，通过 GPS 实时监控获得车辆的位置信息来考察车辆的巡线任务完成情况，通过各车辆距离事发关键点的距离和车辆当前的状态自动进行可调度车辆的选取。最终结合车辆分析和周密的统计报表，形成可计划、可执行、可评价的巡线车辆监控调度方案。

该方案由目前行业中的成功实践者 666GPS 提出，并在 2010 广州亚运会中对中国电信巡线车辆成功运用。

2. GPS 首次出现在军事应用中

1989 年，一群认真专注的工程师和一个伟大的产品构想，造就了今日全球卫星定位导航系统的领导品牌 GARMIN。由制造当初在波斯湾战争中被联军采用的第一台手持 GPS，到现今成为 GPS 的第一品牌，GARMIN 的产品以更优良的功能和用途远远超越了传统 GPS 接收器，并为 GPS 立下一个崭新的里程碑。

为了缓解当时"沙漠风暴"行动时军用 GPS 接收装置短缺的问题，美军考虑购买民用

GPS 接收装置。民用接收装置的导航功能和军用装置完全一样，只不过不能识别军用加密信号而已。因此，到了"沙漠盾牌"军事行动的时候，美国国防部就提前购买了数千套民用 GPS 接收装置装备各参战部队，占到了所有的 5300 套接收装置的 85%。

3. GPS 在道路工程中的应用

GPS 在道路工程中的应用，目前主要是用于建立各种道路工程控制网及测定航测外控点等。随着高等级公路的迅速发展，对勘测技术提出了更高的要求，由于线路长，已知点少，因此，用常规测量手段不仅布网困难，而且难以满足高精度的要求。

目前，国内已逐步采用 GPS 技术建立线路首级高精度控制网，如沪宁、宁杭高速公路的全线就是利用 GPS 建立了首级控制网。实践证明，在几十千米范围内的点位误差只有 2cm 左右，达到了常规方法难以实现的精度，同时也大大提前了工期。

GPS 技术也同样应用于特大桥梁的控制测量中。由于无需通视，可构成较强的网形，所以可提高点位精度，同时对检测常规测量的支点也非常有效。

GPS 技术在隧道测量中也具有广泛的应用前景，GPS 测量无需通视，减少了常规方法的中间环节，因此速度快、精度高，具有明显的经济和社会效益。

4. GPS 在个人定位中的应用

以国内首款语音彩信 GPS 定位器——深圳市昱读全资科技有限公司语音彩信 GPS 定位器为例，它内置全国的地图数据，无需后台支持，结合了 GPS 全球定位系统、GSM 通信技术、嵌入式语音播报技术、GIS 技术、GIS 搜索引擎、图像处理技术和图像传输技术，可直接回复终端中文地址、彩信或语音播报地理位置。

5. GPS 在汽车导航中的应用

三维导航是 GPS 的首要功能，飞机、轮船、地面车辆以及步行者都可以利用 GPS 导航器进行导航。汽车导航系统是在全球定位系统 GPS 基础上发展起来的一门新型技术。GPS 汽车导航仪如图 7-22 所示。

汽车导航系统由 GPS 导航、自律导航、微处理机、车速传感器、陀螺传感器、CD-ROM 驱动器、LCD 显示器组成。GPS 导航系统与电子地图、无线电通信网络、计算机车辆管理信息系统相结合，可以实现车辆跟踪和交通管理等许多功能，如国际领先的 GPS 导航仪 Ahada（艾航达）具有地图查询、路线规划及自动导航功能。

中国是全球最大的 GPS 汽车导航仪市场，由于导航卫星、车载导航设备商业化

图 7-22　GPS 汽车导航仪

应用环境以及卫星导航应用标准的成熟，GPS 汽车导航仪将被消费者更加广泛地接受。

复习思考题

7.3.1　GPS 全球定位系统的作用是什么？

7.3.2　GPS 全球定位系统的特点是什么？

7.3.3　简述 GPS 定位基本原理。

习　题

1. 填空题

（1）集群移动通信也称为_____移动通信，它的特点是只有_____个基站，可容纳的用户数为_____个，不适合用户数量很大的服务区。

（2）蜂窝移动通信也称为_____移动通信，采用蜂窝无线组网方式，把整个大服务区划分成许多小区，每个小区设置一个基站，离开一定距离的小区可以重复使用_____，使频率资源可以充分利用。

（3）FDMA 是以不同的_____实现通信，TDMA 是以不同的_____实现通信，CDMA 是以不同的_____实现通信。

（4）CDMA 系统所有移动台都占用相同带宽和频率，离基站近的移动台发射的信号很容易盖过其他离基站较远的移动台的信号，造成所谓的_____。

（5）CDMA 的基本原理是：在发送端，将信息数据与_____很强、_____很弱的（准）正交地址码进行调制；在接收端，用与发送端完全相同的_____进行相关检测并提取所需信息。

（6）RAKE 接收是一种_____接收技术，可以在时间上分辨出细微的_____信号，并对每一路径的信号进行解调，然后_____输出达到_____接收效果的目的，这样就将有害的_____信号变为有利的_____信号。

（7）CDMA 通信的主要优点是_____、_____、_____、_____、_____。

（8）卫星通信利用_____作为中继站转发无线电信号，属于_____无线电通信的一种形式，卫星通信是在_____和_____的基础上发展起来的。

（9）卫星通信的主要优点有_____、_____、_____、_____、_____。

（10）GPS 原理是根据高速运动的卫星_____作为已知的起算数据，测量出已知位置卫星到用户接收机之间的_____，然后综合_____计算出接收机的具体位置。

2. 判断题

（1）CDMA 允许不同的移动台采用同一频率在同一时间内通信。（　　）

（2）多址技术主要是为了提高通话质量。（　　）

（3）CDMA 功率控制的目的就是克服"远近效应"。（　　）

（4）伪随机(PN)码是一种完全没有规律的二进制码。（　　）

（5）扩频通信使系统在强干扰情况下也能安全可靠地通信。（　　）

（6）同步静止卫星属于低轨道卫星。（　　）

（7）用 3 颗高轨道卫星即可以实现全球覆盖。（　　）

（8）高轨道卫星的主要缺点是：较长的传播时延和较大的链路损耗。（　　）

3. 选择题

（1）目前，CDMA 系统的移动台识别码采用(　　)。

A. Walsh 码　　　　　　　　　　B. 长码　　　　　　　　　　C. 短码

（2）移动台从 A 基站覆盖区域向 B 基站覆盖区域行进，在 A、B 两基站的边缘，移动台先与 B 基站建立连接后，再将与 A 基站原来的连接断开，这种技术称之为(　　)技术。

    A. 软切换   B. 硬切换   C. 同步切换

（3）卫星通信使用（　　　）。

    A. 微波频段   B. 超短波频段   C. 短波频段

（4）同步卫星是指在赤道上空约（　　　）高的圆形轨道上与地球自转同向运行的卫星。

    A. 34800km   B. 35800km   C. 36800km

4. 名词解释

FDMA、TDMA、CDMA、多址技术、扩频通信、远近效应、多径衰落、软切换、同步卫星、GPS。

第8章 无线电调试工职业资格证书考核

8.1 高级工理论考核

高级工理论考核模拟卷如下(本试卷满分为100分,考试时间为90分钟):

一、选择题(选择正确的答案,将相应的字母填入题内的括号中。每题1分,满分30分)

1. 变频电路由本机振荡器、_____和_____三部分组成。( )
   A. 混频器,鉴频器　　　　　　　　　　　B. 混频器,滤波器
   C. 滤波器,选频网络　　　　　　　　　　D. 变频器,选频网络
2. 实现相位鉴频法的具体电路有_____鉴频器和_____鉴频器。( )
   A. 相位,斜率　　B. 脉冲式,斜率　　C. 比例,相位　　D. 比例,斜率
3. 在 GB 9374—1987 调幅广播收音机基本参数中,将_____作为衡量接收机灵敏度的标准。( )
   A. 绝对灵敏度　　B. 相对灵敏度　　C. 噪限灵敏度　　D. 最大灵敏度
4. 不平衡型 AFC 电路的特点是结构简单、灵敏度_____、输出阻抗_____、输出功率_____。( )
   A. 高,高,高　　B. 高,低,高　　C. 低,低,高　　D. 高,高,低
5. 数字电压表的核心电路是_____。( )
   A. A-D 转换器　　B. D-A 转换器　　C. 数字逻辑电路　　D. 模拟电路
6. 清除和防止低频寄生振荡的措施是_____输入和输出电路中的扼流圈电感量,_____它们的 Q 值。( )
   A. 增加,降低　　B. 减小,提高　　C. 减小,降低　　D. 增加,提高
7. _____鉴相器具有自限幅能力。( )
   A. 斜率　　　　　B. 相位　　　　　C. 比例　　　　　D. 脉冲式
8. BT-3 型扫频仪测试电路时,要调节波形幅度大小,应选_____。( )
   A. 电源电压　　B. Y 轴增益　　C. X 轴输入　　D. 频标幅度
9. CD 唱机从唱盘上拾取的传递信号是_____。( )
   A. 数字信号　　　　　　　　　　　　　　B. 模拟信号
   C. 音频信号　　　　　　　　　　　　　　D. 高频调制的音频信号
10. 取样示波器的 X 轴系统_____。( )
    A. 与通用示波器一样
    B. 只产生时基扫描信号
    C. 产生时基扫描信号的同时还要产生步进脉冲去控制 Y 轴系统
    D. 只起增辉作用

11. 电子计数器的主门要输入两个信号，如果计数端输入被测信号，控制端输入闸门信号，其测试功能为_____。（　　　）

A. 自校　　　　　　B. 频率　　　　　　C. 周期　　　　　　D. 频率比

12. 鉴相器是_____变换电路。（　　　）

A. 相位差-幅度　　B. 相位差-频率　　C. 频率-幅度　　D. 调幅-调频

13. 电视机中放电路之前，用中频滤波电路分别吸收相邻低频道的伴音差频_____ MHz 和相邻高频道的图像差频_____ MHz。（　　　）

A. 39.5，30　　　B. 30，39.5　　C. 31.5，30　　D. 39.5，31.5

14. 下列电路类型，不属于解调电路的是_____。（　　　）。

A. 视频检波器　　B. 鉴频器　　　　C. PAL_D解码器　　D. 混频器

15. 电视机采用_____分离的办法将行、场同步信号从全电视信号中分离出来。（　　　）

A. 幅度　　　　　　B. 相位　　　　　　C. 频率　　　　　　D. 脉宽

16. 交流电桥的电源是_____。（　　　）。

A. 正弦波电源　　B. 脉冲波电源　　C. 直流电源　　　　D. 锯齿波电源

17. 彩色电视机中，延时分离电路延时线的延时时间是_____。（　　　）

A. $6\mu s$　　　　　B. $63.943\mu s$　　C. $52\mu s$　　　D. $0.6\mu s$

18. 电视广播中的色度 C_U 和 C_V 两个分量是_____波。（　　　）

A. 抑制载波的平衡调幅　　　　　　　　B. 普通调幅
C. 调频　　　　　　　　　　　　　　　D. 单纯的调相

19. 在进行电视机暗平衡调整时，应将对比度调到_____。（　　　）

A. 最小　　　　　　B. 最大　　　　　　C. 适中　　　　　　D. 偏小

20. 为了使不同调谐电压数字化后不会丢失，一般在彩色电视机遥控系统中装有一个_____，以存储信息。（　　　）

A. 内存储器　　　B. 内只读存储器　　C. EAROM　　　D. EPROM

21. 视频信号的频率范围是_____。（　　　）

A. $0\sim6MHz$　　B. $50\sim80kHz$　　C. $0\sim465kHz$　　D. $6\sim12kHz$

22. 为了保证电视机图像彩色的稳定，必须调整好机内的_____电路。（　　　）

A. AGC　　　　　B. AFC　　　　　C. APC　　　　　D. AFT

23. PAL_D彩电中，彩色副载波应调整为_____ MHz 左右。（　　　）

A. 3.58　　　　　B. 4.43　　　　　C. 5.5　　　　　　D. 6.5

24. 扼流圈耦合场输出电路是一个_____功率放大器。（　　　）

A. 甲类　　　　　　B. 乙类　　　　　　C. 甲乙类　　　　　D. 丙类

25. 为了保证亮度信号与色度信号不存在时间差，亮度通道中必须具有_____延时。（　　　）

A. $64\mu s$　　　　B. $6\mu s$　　　　C. $0.6\mu s$　　　D. $4.43\mu s$

26. 遥控发射是由_____完成的。（　　　）

A. 键盘　　　　　　B. 遥控微处理器　　C. 驱动器　　　　D. 红外发光二极管

27. Word 中，如果用户错误的删除了文本，可以用常用工具栏中的_____按钮将被删除的文本恢复到屏幕上。（　　　）

A. 剪切　　　　　　B. 粘贴　　　　　　C. 撤消　　　　　　D. 恢复

28. 在 Windows 环境下，要设置屏幕保护，可在_____中进行。（　　　）

A. 我的电脑　　　　　B. 控制面板　　　　　C. 网上邻居　　　　　D. 资源管理器

29. 收到一封邮件，再把它寄给别人，一般可以用_____。（　　　）

A. 答复　　　　　　　B. 转寄　　　　　　　C. 编辑　　　　　　　D. 发送

30. 因特网的意译是_____。（　　　）

A. 国际互联网　　　B. 中国电信网　　　C. 中国科教网　　　D. 中国金桥网

二、判断题（每题 1 分，满分 20 分）

31. 兆欧表的额定电压有 500V、2500V、3500V、1500V。（　　　）

32. AFC 电路能自动调整无线电设备中振荡管的振荡频率。（　　　）

33. 场效应晶体管的闪烁噪声主要在低频端产生影响。（　　　）

34. MCS-51 系列单片机具有广泛的布尔处理能力。（　　　）

35. 仪器的读数与测量的示值始终是相等的。（　　　）

36. 鉴频器是 AFC 电路的一个重要组成部分。（　　　）

37. 计算机软件一般包括系统软件和应用软件。（　　　）

38. RC 均衡电路补偿网络一定是提升低频、抑制高频电路。（　　　）

39. AGC 电路的任务就是要取得一个随信号电压变化的直流电压，来控制中放和高频的增益。（　　　）

40. 各彩色电视制式之间，色差信号对副载波调制的方法是相同的。（　　　）

41. 当被测网络输出端有直流电位时，扫频仪的 "Y 轴输入" 应选用 DC 耦合方式。（　　　）

42. 扫频仪是扫频信号发生器与电子示波器的组合。（　　　）

43. 如果亮度信号丢失，则彩色电视机出现无图像故障。（　　　）

44. 当 PZ—8 型 DVM 过载时，仪器会显示 "0999"。（　　　）

45. 低频信号发生器的电压放大器只能作放大作用。（　　　）

46. 显像管内部打火，都是由于阳极电压过高引起的。（　　　）

47. 操作系统只做软件与硬件的接口。（　　　）

48. 在电子技术中，常测量一些非正弦电压（如噪声电压、失真度），我们常采用热电偶变极式电子电压表。（　　　）

49. RAM 的内容只可读，不能写入或更新。（　　　）

50. 超外差收音机中的中频频率是固定不变的。（　　　）

三、填空题（每空 1 分，满分 10 分）

51. 相位自动控制系统称为_____，它是一个闭合的_____系统。

52. 测量电路的幅频特性常用_____和_____两种方法。

53. 电视信号在传送过程中，图像信号是用_____方式发送的，伴音信号是用_____方式发送的。

54. 我国彩电制式为_____，即_____。

55. 数字集成电路的逻辑功能测试可分为_____和_____两个步骤。

四、计算题（每题 5 分，满分 5 分）

56. 某万用表为 2.5 级，用 10mA 档测量一电流，读数为 5mA，试问相对误差是多少？

五、简答题(每题 5 分,满分 10 分)

57. 晶体管的噪声有哪几种? 其产生的主要原因是什么?

58. 彩色电视机中亮度通道和色度通道的作用是什么?

六、分析题(每题 5 分,满分 10 分)

59. 试画出锁相环路组成框图,并分析其工作原理。

60. 分析彩色电视机产生"逃台"故障的原因。

七、综合题(每题 15 分,满分 15 分)

61. 彩色电视机无彩色,但黑白图像正常,试分析说明故障原因和检修方法。

8.2 高级工实践考核

应做好实践考核的准备工作,如仪器、工具与材料准备,实际操作考场环境布置,考前应对设备、产品和考位统一编号,每个考场工位数量不多于 12 个,考评人员应有 2 人以上,考评员应根据实践考核项目,提前设置好需调试和修理的产品。

8.2.1 高级工实践考核试卷(一)

1. 考核项目

实践考核项目如下:

1)彩色电视机场幅大小的调试。

2)彩色电视机无彩色故障的排除。

3)回答考评员现场提问:①针对考生是否能看懂复杂产品技术文件,由考评员出两小题口试;②简要说出调试方案;③你在工作中是如何组织指导中级无线电调试工进行调试修理的。

操作的程序等方面的规定说明:

1)考前半小时发试卷、设备工具和产品及其技术文件,在考评人员监督下进行准备。

2)每工位一次只限一名考生进行考核。

3)口试在现场完成,并予以评分。

4)违反安全文明生产规定一次,从总分中扣除 2 分,严重违反操作规程,发生重大事故者取消考核资格。

5)考试结束,考生应清理工位。

2. 考试总时限

1)准备时间:30 分钟。

2)正式操作时间:120 分钟。

3)总时间:150 分钟。

4)计时方法:准备结束以后,统一下令开始正式操作。

3. 考评评分

1)考评员有权对违纪及不遵循指令操作的考生提出警告直至取消考试资格并判其不合格。

2)评分时,考评员须在评分记录表上注明扣分理由。

3)评分后,考评员应将评分表交总评分人,不得再有改动。

4)考生成绩取所有考评员给分的算术平均值,60 分为及格线。

4. 评分标准

评分标准见表8-1。

表8-1　评分标准

序　号	评分要素	配　分	评分标准
1	看懂复杂产品技术文件	10	由考评员现场提出两个问题，考生有答错或未答出，每题扣3~5分
2	制定调式方案	5	有重点错误或关键点遗漏，每处扣1~2分
3	复杂产品的调试	40	调式方法或步骤不正确，每次扣5分 调试结果不符合技术要求的，每项扣5分
4	解决调试中出现的复杂问题	15	解决问题方法不当，每次扣3分 解决不彻底，扣5分 问题不能解决，不得分
5	故障修理	15	无目的盲目乱修理，每次扣5分 修理方法不当，每次扣3分 故障未排除，不得分
6	仪器正确使用	10	每出现使用错误一次扣2分
7	工作指导能力	5	根据考生口试情况，组织指导能力不当，每处扣1~2分；不答不得分
8	其他		每违反文明生产规定一次，从总分中扣除2分

8.2.2　高级工实践考核试卷（二）

1. 考核项目

考核项目是组装一个超外差调频信号接收电路（二次混频），然后对电路进行调试。实践考核项目如下：

1）超外差调频信号接收电路装配。

2）超外差调频信号接收电路静态调试。

3）超外差调频信号接收电路动态调试。

4）回答考评员现场提问：①针对考生是否能看懂电路原理图，由考评员出两小题口试；②简要说出调试方案；③你在工作中是如何组织指导中级无线电调试工进行调试修理的。

2. 整机工作原理

调频接收电路组成框图如图8-1所示，调频接收电路如图8-2所示。

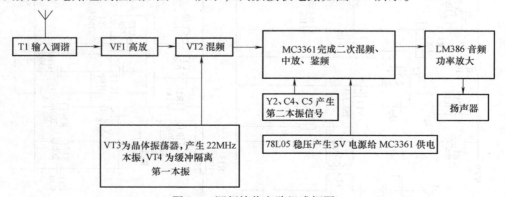

图8-1　调频接收电路组成框图

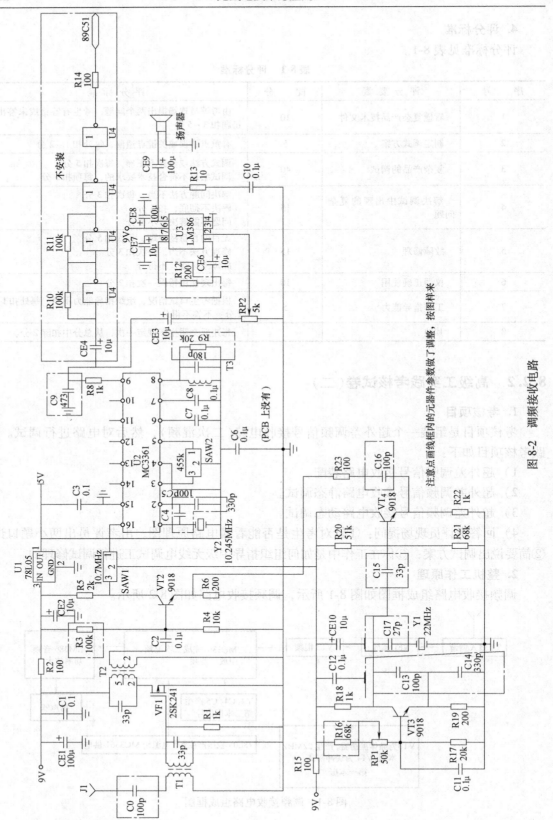

图 8-2　调频接收电路

接收信号经由天线、T1 等组成的输入调谐回路，取出 32.7MHz 信号（滤除干扰信号），送入由 VF1（2SK241）、T2 构成的高频谐振小信号放大器放大电路。

第一本振电路由 VT3、Y1、C13、C14、C17 组成，这是一个电容三点式晶体振荡电路，振荡频率由 Y1 决定，为 22MHz，本振信号由 VT4 缓冲放大后，经 C16、R13 送往第一混频电路。

由 VT2、R3 ~ R6 组成第一混频电路，混频输出的 10.7MHz（32.7MHz – 22MHz）第一中频信号由 SAW1 滤波，送到 MC3361 的 16 脚内部进行第二次混频。第二本振由 Y2、C4、C5 及 MC3361 内部电路组成，产生 10.245MHz 第二本振信号，在 MC3361 内部将产生 455kHz（10.7MHz – 10.245MHz）第二中频信号，然后由 MC3361 的 3 脚输出，由 SAW2 滤波后送入 MC3361 的 5 脚内部进行约 65dB 的中频放大及鉴频，然后从 MC3361 的 9 脚输出 1kHz 的音频信号，再经 R8、C9 低通滤波后，送到 LM386 完成低频功率放大，最后由扬声器发声。

3. 电路装配

调频接收机印制电路板电路如图 8-3 所示，可按此印制电路板电路进行装配。

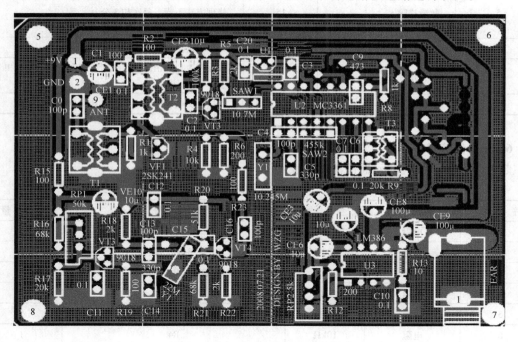

图 8-3 调频接收机印制电路板电路

4. 调试方案

当全部元器件装配完毕，经检查无误后，可继续通电调试。

（1）静态调试 通电后，测试 VF1、VT2、VT3、VT4 各管脚静态电压，测试 MC3361、LM386 芯片引脚电压。若引脚电压不正常，说明静态电路有故障，应查明原因后再测试。

（2）灵敏度调节 接收高频信号发生器输出的 32.7MHz 调频信号，调节 T1 和 T2 磁心，在不断降低高频信号发生器输出的情况下，听扬声器 1kHz 的"呜呜"声最清晰。

（3）失真度调试 在高频信号发生器输出信号较强的情况下，用示波器观察音频解调输出信号，调节 T3 磁心，在用眼睛观察的情况下，使输出音频信号最大、最圆滑、噪声最小为标准。

5. 评分标准

评分标准见表8-2。

表8-2　评分标准

序　号	评分要素	配　分	评分标准
1	看懂电路原理图	10	由考评员现场提出两个有关电路阅读的问题，考生有答错或未答出，每题扣3~5分
2	电路装配	20	有虚焊，每处扣1~2分 装配工艺不良，扣1~5分
3	电路静态调试	20	调式方法或步骤不正确，每次扣5分 调试结果不符合技术要求的，每项扣5分
4	电路动态调试	20	调式方法或步骤不正确，每次扣5分 调试结果不符合技术要求的，每项扣5分
5	故障排除	15	无目的盲目乱修理，每次扣5分 修理方法不当，每次扣3分 故障未排除，不得分
6	仪器正确使用	10	每出现使用错误一次扣2分
7	工作指导能力	5	根据考生口试情况，组织指导能力不当，每处扣1~2分；不答不得分
8	其他		每违反文明生产规定一次，从总分中扣除2分

6. 元器件清单

超外差调频接收机的元器件清单见表8-3。

表8-3　元器件清单

序　号	名　称	型　号	代　号	数　量
1	电阻	10Ω	R13	1
2	电阻	100Ω	R15、R14、R2、R23	4
3	电阻	200Ω	R12、R19、R6	3
4	电阻	1kΩ	R1、R8、R18、R22	4
5	电阻	2kΩ	R5	1
6	电阻	10kΩ	R4	1
7	电阻	20kΩ	R17、R9	2
8	电阻	51kΩ	R20	1
9	电阻	68kΩ	R16、R21	2
10	电阻	100kΩ	R3	1
11	电位器	3296-5kΩ	RP1	1
12	电位器	3296-50kΩ	RP2	1
13	场效应晶体管	2SK241	VF1	1
14	晶振	10.245MHz	Y2	1
15	晶振	22MHz	Y1	1

（续）

序 号	名 称	型 号	代 号	数 量
16	瓷片电容	27pF	C17	1
17	瓷片电容	33pF	C15	1
18	瓷片电容	100pF	C0、C4、C16、C13	4
19	瓷片电容	330pF	C5、C14	2
20	瓷片电容	0.047μF	C9	1
21	瓷片电容	0.1μF	C1、C2、C3、C6、C7、C8、C10、C11、C12	9
22	电解电容	10μF	CE2、CE3、CE5、CE6、CE7、CE10	6
23	电解电容	100μF	CE1、CE8、CE9	3
24	晶体管	9018	VT2、VT3、VT4	3
25	集成电路	LM386	U3	1
26	集成电路	MC3361	U2	1
27	陶瓷滤波器	455kHz	SAW2	1
28	陶瓷滤波器	10.7MHz	SAW1	1
29	中周	35MHz	T1、T2	2
30	中周	455kHz	T3	1
31	耳机座	（单声道）		1
32	耳机头	（单声道）		1
33	导线	天线用		50cm
34	9V电池扣			1
35	9V电池			1
36	PCB			1

附录　无线电调试工国家职业
标准(中、高级)

一、职业概况

1. 职业名称

无线电调试工。

2. 职业定义

使用测试仪器调试无线通信、传输设备，广播视听设备和电子仪器、仪表的人员。

3. 职业等级

本职业共设四个等级，分别为中级(国家职业资格四级)、高级(国家职业资格三级)、技师(国家职业资格二级)、高级技师(国家职业资格一级)。

4. 申报条件

具备以下条件之一者可申报中级。

1) 连续从事或见习本职业工作 5 年以上(含 5 年)，经本职业中级正规培训达到规定标准学时数，并取得结业证书。

2) 连续从事本职业工作 7 年以上。

3) 取得经劳动保障行政部门审核认定的、以中级技能为培养目标的中级以上职业学校本职业(专业)毕业证书。

具备以下条件之一者可申报高级。

1) 取得本职业资格证书后，连续从事本职业工作 4 年以上，经本职业中级正规培训达到规定标准学时数，并取得结业证书。

2) 取得本职业中级职业资格证书后，连续从事本职业工作 7 年以上。

3) 取得经劳动保障行政部门审核认定，以高级技能为培养目标的高等以上职业学校本职业(专业)毕业证书。

4) 取得本职业中级职业资格证书的大专以上本专业或相关专业毕业生，连续从事本职业工作 2 年以上。

5. 鉴定方式

分为理论知识考试和技能操作考核。理论知识考试采用闭卷笔试方式，技能操作考核采用现场实际操作方式。理论知识考试和技能操作考核均实行百分制，成绩皆达 60 分以上者为合格。技师、高级技师还须进行综合评审。

6. 鉴定时间

各等级理论知识考试时间不少于 90 分钟；各等级技能操作考核按实际需要规定，考核时间不少于 120 分钟；综合评审时间不少于 30 分钟。

二、基本要求

1. 职业道德

1）遵守国家法律、法规和有关规章制度。

2）热爱本职工作，刻苦钻研技术。

3）遵守劳动纪律，爱护仪器、仪表与工具设备，安全文明生产。

4）谦虚谨慎，团结协作，主动配合。

5）服从领导，听从分配。

2. 基础知识

1）机械、电气识图知识。

2）常用电工、电子元器件基础知识。

3）电工基础知识。

4）模拟电路基础知识。

5）脉冲数字电路基础知识。

6）电子技术基础知识。

7）电工、无线电测量基础知识。

8）计算机应用基础知识。

9）电子设备基础知识。

10）安全用电知识。

3. 相关法律、法规知识

1）《中华人民共和国质量法》的相关知识。

2）《中华人民共和国标准化法》的相关知识。

3）《中华人民共和国环境保护法》的相关知识。

4）《中华人民共和国计量法》的相关知识。

5）《中华人民共和国劳动法》的相关知识。

三、工作要求

本标准对中级、高级、技师和高级技师的技能要求依次递进，高级涵盖低级别的要求。

1. 中级

职业技能	工作内容	技能要求	相关知识
调试前准备	调试工艺文件准备	1. 能按功能单元的调试要求准备好电路图、功能单元连线图、安装图调试说明等工艺文件 2. 能读懂功能单元调试工艺中的调试目标和调试方法	设计文件管理制度
	调试工艺环境设置	1. 能合理选用调试工具 2. 能按工艺文件要求准备好功能单元测量用仪器、仪表及必要的附件，合理地连接成系统	1. 常用调试工具用途和使用方法 2. 功能单元测量仪器使用方法

（续）

职 业 技 能	工 作 内 容	技 能 要 求	相 关 知 识
装接质量复检	安装质量复检	1. 能准确查出功能单元的安装错误处 2. 能准确发现功能单元的安装松动处	1. 机械、电气安装图 2. 一般安装质量要求
	连线和焊接质量检查	1. 能从外观上判断焊接质量不合格处 2. 能用万用表或蜂鸣器查出连线不正确处	1. 不合格焊点判断方法 2. 电气接线图表示法
调试	产品安全检查	1. 能判断功能单元裸露处电压的安全性 2. 能分辨功能单元安全防护的合理性 3. 能用绝缘测试仪和耐压测试仪对功能单元中的市电进线和 AC/DC 电源模块进行绝缘和耐压的测试 4. 能判断漏电和绝缘电阻的合格性	1. 电气安全性能常识 2. 绝缘测量仪、耐压测试仪使用方法
	功能调试	1. 能通过硬和/或软键、触屏、模拟方法检查功能单元对技术要求和功能要求的符合性 2. 能发现功能单元的故障所在，并及时予以排除	1. 硬、软键操作电路原理 2. 一般开关、元器件基本概念
	指标调试	1. 能对功能单元的静态参数进行设置或调整 2. 能使用仪器、仪表对功能单元的各项指标逐项进行测试和调整	1. 相关功能单元的工作原理 2. 电子产品一般调试方法
	调试结果记录与处理	能填写调试记录	功能单元调试记录填写要求

2. 高级

职 业 技 能	工 作 内 容	技 能 要 求	相 关 知 识
调试前准备	调试工艺文件准备	1. 能按整机调试要求准备整机原理框图、连线图，各分单元原理图、连线图 2. 能识读整机调试说明	产品技术文件
	调试工艺环境设置	能准备好整机测量用仪器、仪表及必要的附件、转接件，并能合理码放、连成系统	整机测试用仪器使用方法
装接质量复检	安装质量检查	1. 能准备判断整机功能单元安装位置不合适处 2. 能及时发现整机中安装松脱处 3. 能根据需要进行改装	1. 安装连接结构要求 2. 电磁兼容（EMC）、电磁干扰（EMI）基本知识 3. 装接基本知识
	连线和焊接质量检查	1. 能准确判断整机功能单元间互连和焊接的质量 2. 能发现连接错误或不妥，并进行改接	电子设备安装连接工艺要求
调试	产品安全检查	1. 能发现整机安全防护要求不合适处 2. 能对整机进电漏电和绝缘测试	电子设备安全防护要求
	功能调试	1. 能检查电源系统的电压、电流和供电位置对使用要求的符合性，并能处理出现的差错 2. 能检查监控、保护系统对产品的监控和保护能力及对动态要求的符合性，并能通过调试达到预期的要求 3. 能对整机音、视频、射频信号通路的正常工作予以调整，并能发现和排除故障 4. 能对功能单元出现的异常或故障原因进行分析、判断和提出排除方法 5. 能指导中级人员对功能单元进行操作	1. 单片机原理与应用 2. 编程一般原理

（续）

职 业 技 能	工 作 内 容	技 能 要 求	相 关 知 识
调试	指标调试	1. 能按工艺文件的规定使用仪器、仪表及 PC,对整机性能指标逐项进行测试和调整 2. 能发现功能单元互连时出现的异常或故障,并能迅速予以排除 3. 能根据整机要求调校各分功能单元 4. 能指导中级人员对功能单元进行指标调校	整机调试知识
	调试结果记录与处理	能对整机调试全过程进行记录,对异常故障原因有一定分析	整机调试记录有关要求

四、鉴定比重

1. 中级

鉴定项目		鉴定范围	鉴定比重
知识要求	基本知识	1. 有关基础电工知识	8%
		2. 有关脉冲数字电路知识	14%
		3. 有关无线电技术基础	16%
		4. 有关电工(无线电)测量基本原理	12%
	专业知识	1. 较复杂产品的工作原理	10%
		2. 较复杂产品的技术要求、调试方法及常见故障排除方法	25%
		3. 仪器仪表的使用方法和维护保养知识	5%
	相关知识	计算机基础、简单应用知识	10%
合计			100%
技能要求	操作技能	1. 看懂较复杂产品的技术文件	15%
		2. 较复杂产品的整机调试和复杂产品的部分调试及故障排除	65%
	工具设备的使用和维护	1. 正确使用仪器、仪表	10%
		2. 正确维护仪器、仪表	
	安全及其他	安全生产	10%
合计			100%

2. 高级

鉴定项目		鉴定范围	鉴定比重
知识要求	基本知识	1. 有关无线电技术基础	24%
		2. 有关无线电测量与仪表	20%
	专业知识	1. 掌握较复杂被测产品的工作原理	10%
		2. 掌握复杂被测产品的技术要求、调试方法及常见故障排除方法	25%
		3. 精密复杂仪器仪表的结构、性能、使用维护方法	5%
	相关知识	计算机一般应用知识	16%
合计			100%

（续）

鉴定项目		鉴定范围	鉴定比重
技能要求	操作技能	1. 看懂复杂被测产品技术文件	15%
		2. 完成复杂被测产品或较复杂被测产品试制样机的调试，并能解决复杂的技术问题	55%
		3. 能组织较复杂被测产品修理、调试的能力	15%
	工具设备的使用和维护	正确使用先进的、智能化的仪器、仪表	10%
	其他	工作指导能力	5%
合计			100%

五、说明

本《标准》中使用了功能单元、整机、复杂整机等概念，其含义如下：

（1）功能单元　功能单元的划分，通常决定于结构和电器要求，因此，同一类型的设备划分很可能都不一样，或大或小，或简单或复杂。经常遇到的功能单元大致包括电源和电源模块，调制电路，放大电路，滤波电路，锁相环电路，AFC 电路，AGC 电路，变频器，线性、非线性校正电路，视、音频处理电路，解调器，数字信号处理电路，单板机等。

（2）整机　功能单元作产品出厂时又称整机。一般将其定位于含功能单元较少、电路相对简单、功能较为单一的产品。或者功能虽然相当复杂，但尺寸较小、电平极低的产品也可以称为整机。

（3）复杂整机　由若干功能单元相互连接而共同构成的能完成某种完整功能的整套产品。这些产品的连接，一般可在使用地点完成。

参 考 文 献

[1] 董丽华，等. RFID 技术与应用[M]. 北京：电子工业出版社，2008.

[2] 王谨之. 无线电技术基础[M]. 北京：高等教育出版社，1994.